Questions for the
Mathematical Solution of the
Russian Quantum Magazine

俄罗斯《量子》杂志
数学征解问题

◎ [美] 阮可之　编译

U0211739

数学主要地是一项青年人的游戏。它是智力运动的练习，
只有具有青春与力量才能做得满意。——诺伯特·维纳

为了激励人们向前迈进，应使所给的数学问题具有一定的难度，
但也不可难到高不可攀，因为望而生畏的难题必将挫伤人们继续前进的积极性。总之，
适当难度的数学问题，应该成为人们揭示真理奥秘之征途中的路标，
同时又是人们在问题获解后的喜悦感中的珍贵的纪念品。——大卫·希尔伯特

哈尔滨工业大学出版社
HITP　HARBIN INSTITUTE OF TECHNOLOGY PRESS

内 容 简 介

　　本书搜集了俄罗斯著名青少年数理双月刊《量子》杂志中的经典题型,以主题的形式呈现给大家.例如,两个正数的各种平均值的比较、无穷下降法、共轭数、可交换多项式等,并且每个主题后还配有相关练习题,可使读者更好地掌握所学内容.

　　本书适合中学生及数学爱好者阅读和收藏.

图书在版编目(CIP)数据

　　俄罗斯《量子》杂志数学征解问题/(美)阮可之编译.
—哈尔滨:哈尔滨工业大学出版社,2020.5
　　ISBN 978-7-5603-8739-0

　　Ⅰ.①俄…　Ⅱ.①阮…　Ⅲ.①量子论-文集
Ⅳ.①O413-53

　　中国版本图书馆 CIP 数据核字(2020)第 059568 号

策划编辑　刘培杰　张永芹
责任编辑　张永芹　关虹玲
封面设计　孙茵艾
出版发行　哈尔滨工业大学出版社
社　　址　哈尔滨市南岗区复华四道街 10 号　邮编 150006
传　　真　0451-86414749
网　　址　http://hitpress.hit.edu.cn
印　　刷　哈尔滨市工大节能印刷厂
开　　本　787mm×960mm　1/16　印张 13.75　字数 225 千字
版　　次　2020 年 5 月第 1 版　2020 年 5 月第 1 次印刷
书　　号　978-7-5603-8739-0
定　　价　48.00 元

目 录

❖两个正数的各种平均值的比较

大家知道,两个正数 a 和 b,或者具有长度 a 和 b 的两条线段,它们的算术平均值 $\dfrac{a+b}{2}$ 与几何平均值 $\sqrt{ab}$ 之间成立不等式 $\sqrt{ab} \leqslant \dfrac{a+b}{2}$(仅当 $a=b$ 时成立等式). 这个不等式的代数证明很简单:因为 $(a-b)^2 \geqslant 0,(a+b)^2 \geqslant 4ab$,所以

$$ab \leqslant \frac{a^2+b^2}{2}, \quad \sqrt{ab} \leqslant \frac{a+b}{2}$$

几何证明基于直角三角形元素之间的一个度量关系:直角三角形斜边上的高是两条直角边在斜边上射影的几何平均值. 这条高不超过三角形外接圆的半径,这时斜边的两条线段的算术平均值恰恰等于这个圆的半径.

除了已经提及的两个平均值外,再考察两个经常遇到的平均值:平方平均值 $\sqrt{\dfrac{a^2+b^2}{2}}$ 和调和平均值 $\dfrac{2}{\dfrac{1}{a}+\dfrac{1}{b}}=\dfrac{2ab}{a+b}$.

我们做下列不等式的代数证明以及几何证明

$$\frac{2ab}{a+b} \leqslant \sqrt{ab} \leqslant \frac{a+b}{2} \leqslant \sqrt{\frac{a^2+b^2}{2}} \tag{1}$$

并且在所有情况下当且仅当 $a=b$ 时等号成立. 记不等式(1)中的各平均值依次为字母 M,N,K,L. 我们已经证明了不等式 $N \leqslant K$. 剩下证明:①$K \leqslant L$;②$M \leqslant N$.

①$K^2-L^2=\left(\dfrac{a+b}{2}\right)^2-\dfrac{a^2+b^2}{2}=-\dfrac{1}{4}(a-b)^2 \leqslant 0$,也就是说 $K \leqslant L$,并且仅当 $a=b$ 时 $K=L$.

②$M^2-N^2=\dfrac{4a^2b^2}{(a+b)^2}-ab=-\dfrac{ab(a-b)^2}{(a+b)^2} \leqslant 0$,也就是说 $M \leqslant N$,并且仅当 $a=b$ 时 $M=N$.

由此可知,不等式(1)证毕.

现在我们来考察这些不等式的几何证明,它们对于解几何问题是有益的.

已知两条线段 a 和 b,如果 $a=b$,那么不等式(1)成立. 设 $a>b$,作梯形 $ABCD$,它的两底 AB 和 CD 分别等于 a 和 b(图1). 作直线 l,使它平行于梯形的两底,并且把梯形分割成两个面积相等的梯形 $T_1(ABL_2L_1)$ 和 $T_2(L_1L_2CD)$. 记线段 L_1L_2 的长为 x. 由梯形 T_1 和 T_2 的面积相等得,$(a+x)h_1=(x+b)h_2$,或者

$$h_1 : h_2 = (x + b) : (a + x) \tag{2}$$

这里 h_1 为梯形 T_1 的高,而 h_2 为梯形 T_2 的高. 由 $\triangle AL_1U \backsim \triangle L_1DV$ 得

$$h_1 : h_2 = (a - x) : (x - b) \tag{3}$$

比较式(2)和式(3),得到

$$\frac{x + b}{a + x} = \frac{a - x}{x - b}$$

由此得到,$x^2 - b^2 = a^2 - x^2$,于是

$$x = \sqrt{\frac{a^2 + b^2}{2}}$$

这样就证明了

$$L_1L_2 = \sqrt{\frac{a^2 + b^2}{2}}$$

考虑到式(2),有 $h_1 < h_2$,所以线段 L_1L_2 比长为 $\dfrac{a+b}{2}$ 的中位线 K_1K_2 距离梯形的下底较近. 但是平行于梯形的两底,两端在腰上的线段之长 x 介于两底长度之间(这可由相似的性质得到). 这样,当 $a > b$ 时,我们有 $\dfrac{a+b}{2} <$

$\sqrt{\dfrac{a^2+b^2}{2}}$. 这个不等式当 $a < b$ 时也成立(只要改变记号:a 变成 b 和 b 变成 a).

所以对任意 a 和 b,我们有 $\dfrac{a+b}{2} \leqslant \sqrt{\dfrac{a^2+b^2}{2}}$.

现在来比较 N 和 K. 为此作截线 n,使得分割已知梯形成两个相似的(位似的)梯形 $T'_1(ABN_2N_1)$ 和 $T'_2(N_1N_2CD)$(图2). 记线段 N_1N_2 的长为 y. 由梯形 T'_1 和 T'_2 相似可得,$a : y = y : b$,或者

$$y = \sqrt{ab} \tag{4}$$

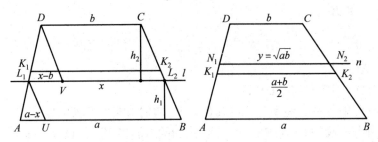

图 1　　　　　　　　　图 2

所以,$N_1N_2 = \sqrt{ab}$. 由梯形的相似(考虑到式(4))得到

$$AN_1 : N_1D = a : y = \sqrt{\frac{a}{b}} > 1 \tag{5}$$

这意味着,直线 n 比中位线 K_1K_2 距离底边 AB 较远,所以 $N_1N_2 < K_1K_2$. 这样,对于任意的 a 和 b,我们有

$$\sqrt{ab} \leqslant \frac{a+b}{2}$$

最后,通过已知梯形对角线的交点 O 作平行于其两底的直线 m,交两腰于点 M_1 和 M_2(图 3). 显然

$$AM_1 : M_1D = AO : OC = a : b$$

但是 $\frac{a}{b} > \sqrt{\frac{a}{b}}$,因为 $a > b$. 所以,考虑到式(5)得出,线段 M_1M_2 比线段 N_1N_2 距离梯形的上底较近,所以 $M_1M_2 < N_1N_2$. 另一方面

$$M_1O : a = DO : DB = CO : CA = OM_2 : a$$

这意味着,$M_1O = OM_2$. 进而

$$\frac{M_1O}{a} + \frac{OM_2}{b} = \frac{DO}{DB} + \frac{BO}{DB} = 1$$

由此得到 $M_1M_2 = 2M_1O = 2\dfrac{1}{\dfrac{1}{a}+\dfrac{1}{b}}$,所以 $M_1M_2 = \dfrac{2ab}{a+b}$. 这样,如果 $a > b$,那么 $M < N$. 类似可证,如果 $a < b$,那么 $M < N$. 所以,对于任意的 a 和 b,我们有

$$\frac{2ab}{a+b} \leqslant \sqrt{ab}$$

这就证明了不等式(1).

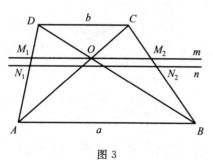

图 3

于是,两条线段 a 和 b 的所有的平均值得到了几何解释:如果这两条线段是梯形的两底,那么平方平均值比其他的平均值更接近于下底,跟着它的是算术平均值,随后是几何平均值,最后是调和平均值(图 4). 显然,这些线段的长度与梯形的形状无关——在所有给定的以长度 a 和 b 为底的梯形中,所指的各平均值分别相等. 当 $a = b$ 时,梯形变为平行四边形并且四个平均值相等,都等于 a.

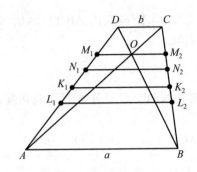

$$M_1M_2 = M = \frac{2ab}{a+b}; N_1N_2 = N = \sqrt{ab}$$

$$K_1K_2 = K = \frac{a+b}{2}; L_1L_2 = L = \sqrt{\frac{a^2+b^2}{2}}$$

图 4

❹

接下来根据已知的线段 a 和 b 来求这四个平均值. 我们这样来做,使得能够用另一种方法来证明不等式(1).

在一条直线上,从点 O 起在它的同一侧截取线段 $OA = a$, $OB = b$, 这里 $a <$ b. 设 S 是线段 AB 的中点(图 5). 这时 $OS = a + \dfrac{b-a}{2}$ 或者 $OS = \dfrac{a+b}{2} = K$.

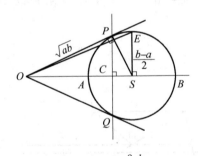

$$OC = M = \frac{2ab}{a+b}$$

$$OP = N = \sqrt{ab}; OS = K = \frac{a+b}{2}$$

$$OE = L = \sqrt{\frac{a^2+b^2}{2}}; M < N < K < L$$

图 5

以线段 AB 为直径作一个圆,并且从点 O 向它作两条切线 OP 和 OQ(P,Q 是切点). 利用从点 O 所作的切线和割线之间的关系:$OP^2 = ab$. 所以,$OP =$ $\sqrt{ab} = N$,并且 $N < K$. 进而,设 PQ 交 OS 于点 C. 这时

$$OP^2 = OS \cdot OC$$

$$OC = ab : \frac{a+b}{2} = \frac{2ab}{a+b} = M$$

并且 $M < N$.

最后,作垂直于 AB 的半径 SE,则我们有

$$OE^2 = \left(\frac{a+b}{2}\right)^2 + \left(\frac{a-b}{2}\right)^2$$

$$OE = \sqrt{\frac{a^2+b^2}{2}} = L$$

并且 $K < L$. 这样,如果 $a \neq b$,那么 $M < N < K < L$.

练 习 题

1. 在直线上点 O 的同一侧截取线段 $OA = a$,$OB = b$,$a < b$,并且作以 AB 为直径,以 S 为圆心的圆 k. 进而作:

(1) 直线 g,它交圆 k 于点 P 和 Q,使得由它们所作的切线通过 O;

(2) 以 O 为圆心,OP 为半径的圆 k_1;

(3) 以 OS 为直径的圆 k_2.

证明:如果通过点 O 的直线交圆 k 内部的线 g,圆 k_1 和 k_2 于点 C_1,P_1,S_1,而交圆 k 于点 A_1 和 B_1,那么

$$OC_1 = \frac{2a_1 b_1}{a_1 + b_1},\ OP_1 = \sqrt{a_1 b_1},\ OS_1 = \frac{a_1 + b_1}{2}\ (a_1 = OA_1, b_1 = OB_1)$$

2. 在数 a 和 b 的下列平均值中,找到它们每三三之间的四个关系式

$$M = \frac{2ab}{a+b},\ N = \sqrt{ab},\ K = \frac{a+b}{2},\ L = \sqrt{\frac{a^2+b^2}{2}}$$

3. 证明下列不等式:

(1) $N - M \leqslant K - N$;

(2) $K - M \leqslant L - N$;

(3) $L - K \leqslant K - N$.

4. 在直角坐标系中,以横坐标上的点 S 为中心的圆交坐标轴于点 $A(a, 0)$ 和 $B(b, 0)$,$a > 0$,$b > 0$,$a < b$. 通过坐标原点 O 的直线交圆于点 A_1 和 B_1. 建立点 $C_1(x, y)$ 的方程,它属于诸割线并满足条件

$$(OC_1)^2 = \frac{1}{2}\left[(OA_1)^2 + (OB_1)^2\right]$$

5. 在 $\triangle ABS$ 的边 AB 过点 A 的延长线上,给定点 O,通过它引一直线,分别交 AS 和 BS 于点 B_1 和 A_1. 通过直线 AA_1 和 BB_1 的交点 P 作直线 PS,它交 AB

于点 $C.$ 证明: $c=\dfrac{2ab}{a+b}$,这里 $OA=a$,$OB=b$,$OC=c.$

6.已知 $\square OABC$ 以及平行于 $\triangle ABC$ 的边 AC 的中位线 $MN.$ 通过顶点 O 作一条直线,分别交直线 BC,CA,AB,MN 于点 $A_0,B_0,C_0,D_0.$ 证明

$$\frac{1}{a}+\frac{1}{b}+\frac{1}{c}=\frac{3}{d}$$

这里 $OA_0=a$,$OB_0=b$,$OC_0=c$,$OD_0=d.$ 点 A_0,B_0,C_0,D_0 位于点 O 的同一侧(d 是线段 a,b,c 的调和平均值).

如果点 A_0,B_0,C_0,D_0 不在点 O 的同一侧,那么所指的等式怎样变化?

答案和提示

1.(1) 从点 A_1 和 B_1 作直线 OS 的垂线 A_1A_0 和 B_1B_0,并且对 $\triangle OA_1S$ 和 $\triangle OB_1S(\angle A_1OS=\varphi)$ 应用余弦定理,则有

$$\left(\frac{a-b}{2}\right)^2=a_1^2+\left(\frac{a+b}{2}\right)^2-2a_1\frac{a+b}{2}\cos\varphi$$

$$\left(\frac{a-b}{2}\right)^2=b_1^2+\left(\frac{a+b}{2}\right)^2-2b_1\frac{a+b}{2}\cos\varphi$$

由此得

$$OA_0=a_0=a_1\cos\varphi=\frac{a_1^2+ab}{a+b}$$

$$OB_0=b_0=b_1\cos\varphi=\frac{b_1^2+ab}{a+b}$$

容易验证

$$\frac{2a_0b_0}{a_0+b_0}=\frac{2ab}{a+b}$$

或者

$$\frac{2a_1b_1}{a_1+b_1}\cos\varphi=OC(C=PQ\bigcap OS)$$

而 $OC=OC_1\cos\varphi$,所以

$$OC_1=\frac{2a_1b_1}{a_1+b_1}$$

(2) 考虑到,$ab=a_1b_1.$

(3) 我们指出,$\angle OS_1S=90°$,以及 $A_1S_1=S_1B_1$,所以有

$$OS_1=\frac{a_1+b_1}{2}$$

2.(1)$N^2-MK=0.$

(2)$L^2 + N^2 - 2K^2 = 0.$

(3)$L^2 + MK - 2K^2 = 0.$

(4)$M^2 L^2 + M^2 N^2 - 2N^4 = 0.$

3. (1)$N = \sqrt{MK} \leqslant \dfrac{1}{2}(M + K)$，由此得 $N - M \leqslant K - N.$

(2) 利用练习题 2 的结果,在需要证明的不等式中用 L 和 N 代换 K 和 M 并经过等价的变换,得到不等式 $(L - N)^4 \geqslant 0.$

(3)$K = \sqrt{\dfrac{L^2 + N^2}{2}}, K \geqslant \dfrac{1}{2}(L + N)$，由此得 $L - K \leqslant K - N.$

4. 设 $\angle A_1 OS = \varphi.$ 写出等式

$$(OC_1)^2 = \frac{1}{2}[(OA_1)^2 + (OB_1)^2], OA \cdot OB = a \cdot b$$

$$\frac{1}{2}(OA_1 + OB_1) = \frac{1}{2}(a + b)\cos\varphi$$

从上面的方程中消去 OA_1 和 OB_1,则有

$$(OC_1)^2 = \frac{(a + b)^2}{2}\cos^2\varphi - ab$$

而

$$(OC_1)^2 = x^2 + y^2 \cos^2\varphi = \frac{x^2}{x^2 + y^2}$$

所以

$$(x^2 + y^2)^2 + ab(x^2 + y^2) - \frac{1}{2}(a + b)^2 x^2 = 0$$

故

$$(x^2 + y^2)^2 - \frac{1}{2}(a - b)^2 x^2 + ab y^2 = 0$$

此时,还必须要求 $(C_1 S)^2 \leqslant (AS)^2$,或者

$$\left(x - \frac{a + b}{2}\right)^2 + y^2 \leqslant \left(\frac{a - b}{2}\right)^2$$

即

$$x^2 + y^2 - (a + b)x + ab \leqslant 0$$

5. 过点 S 作平行于 AB 的直线 g,它分别交直线 $AA_1, BB_1, A_1 B_1$ 于点 U, V, W,则我们有

$$\frac{SU}{SW} = \frac{AB}{OB}, \frac{SW}{SV} = \frac{OA}{AB}, \frac{SV}{SU} = \frac{CB}{AC}$$

将这些等式逐项相乘后得到

$$OA \cdot CB = OB \cdot AC \text{ 或者 } a(b - c) = b(c - a)$$

由此得

❼

$$c = \frac{2ab}{a+b}$$

6. 这样给出坐系: $O(0,0)$, $A(1,0)$, $B(1,1)$, $C(0,1)$ (图 6). 直线 BC, CA, AB 和 MN 的方程分别是: $y-1=0$, $x+y=1$, $x=1$, $x+y=\frac{3}{2}$. 截线的方程为 $y=kx$. 这时交点的坐标是

$$a_0 = \frac{1}{k}, \quad b_0 = \frac{1}{k+1}, \quad c_0 = 1, \quad d_0 = \frac{3}{2(k+1)}$$

由此得

$$\frac{1}{a_0} + \frac{1}{b_0} + \frac{1}{c_0} = k + (k+1) + 1 = 2(k+1) = \frac{3}{d_0}$$

而 a_0, b_0, c_0, d_0 与 a, b, c, d 成比例. (齐·斯各班兹,《量子》1971 年第 2 期)

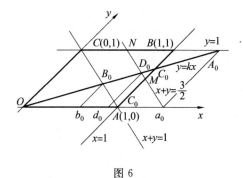

图 6

译者注

1. 古斯尼尔的《三角形中的经典不等式》一文(《量子》2013 年第 2 期)以及文[1]论述了一些构成平均值关系的几何量. 现引述(不带证明)几例.

(1) 算术平均.

在 $\triangle ABC$ 中, $\angle B$ 的平分线交外接圆于点 W. 点 I_a 为与边 AC 相切的旁切圆的圆心, 而点 I 是内切圆的圆心, 那么 $BW = \frac{BI + BI_a}{2}$ (图 7).

(2) 几何平均.

在 $\triangle ABC$ 中, R_1 和 R_2 是通过顶点 C 并且分别与直线 AB 相切于点 A 和 B 的圆的半径, R 是 $\triangle ABC$ 外接圆的半径, 那么 $R = \sqrt{R_1 R_2}$ (图 8).

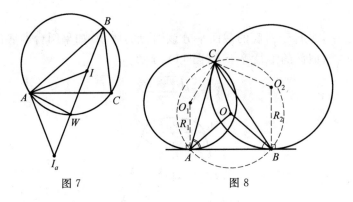

图 7   图 8

（3）调和平均.

从 △ABC 中线的交点 M 作三边的垂线 MK,ML 和 MN,则 △ABC 内切圆的半径 r 是线段 MK,ML 和 MN 的调和平均值（图 9），即

$$r = \frac{3}{\dfrac{1}{MK} + \dfrac{1}{ML} + \dfrac{1}{MN}}$$

❾

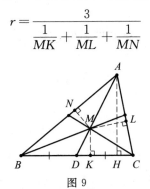

图 9

（4）平方平均.

在非等边 △ABC 中，$BC = a$，$AC = b$，$AB = c$. 设 O 是 △ABC 的外心，M 是它中线的交点，则直线 OM（三角形的欧拉线）垂直于中线 BB'，当且仅当 $b = \sqrt{\dfrac{a^2 + c^2}{2}}$（图 10）.

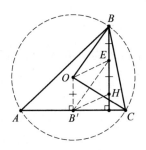 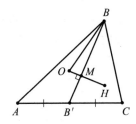

图 10

(5) 幂平均.

在圆台中,平行于两底的截面平分该圆台的体积. 如果圆台两底的半径等于 R_1 和 R_2,而截面的半径等于 R(图 11),那么

$$R = \sqrt[3]{\frac{R_1^3 + R_2^3}{2}}$$

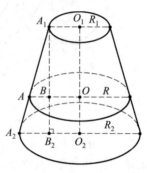

图 11

2.下面介绍经典平均值不等式的另外一些几何证明,其中大多数是无字证明.

(1)[1] 由图 12,$OC = \frac{1}{2}AB = \frac{a+b}{2}$,$CD = \sqrt{DA \cdot DB} = \sqrt{ab}$,$CM = \frac{CD^2}{OC} = \frac{2ab}{a+b}$,而 $DN = \sqrt{ON^2 + OD^2} = \sqrt{\left(\frac{a+b}{2}\right)^2 + \left(\frac{a-b}{2}\right)^2} = \sqrt{\frac{a^2+b^2}{2}}$. 显然

$$DN \geqslant ON = OC \geqslant CD \geqslant CM$$

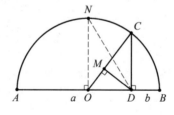

图 12

The College Mathematics Journal：

(2)(1990 年第 3 期) 调和、几何、算术、平方平均值不等式(图 13).

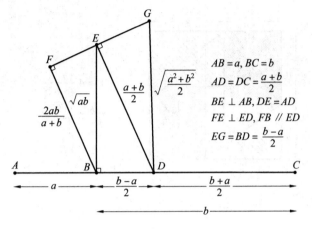

$$AB = a, BC = b$$
$$AD = DC = \frac{a+b}{2}$$
$$BE \perp AB, DE = AD$$
$$FE \perp ED, FB \;/\!/\; ED$$
$$EG = BD = \frac{b-a}{2}$$

图 13

(3)（1989 年第 3 期）平方、算术、几何、调和平均值不等式（图 14 ～ 图 16），即

$$a,b > 0 \Rightarrow \sqrt{\frac{a^2+b^2}{2}} \geqslant \frac{a+b}{2} \geqslant \sqrt{ab} \geqslant \frac{2ab}{a+b}$$

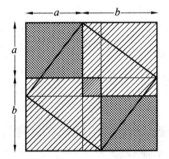

$$2a^2+2b^2 \geqslant (a+b)^2$$
$$\sqrt{\frac{a^2+b^2}{2}} \geqslant \frac{a+b}{2}$$

图 14

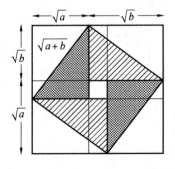

$$(\sqrt{a+b})^2 \geqslant 4 \cdot \frac{1}{2}\sqrt{a} \cdot \sqrt{b}$$
$$\frac{a+b}{2} \geqslant \sqrt{ab}$$

图 15

⑫

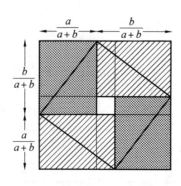

$$1 \geqslant 4\,\frac{a}{a+b} \cdot \frac{b}{a+b}$$

$$\sqrt{ab} \geqslant \frac{2ab}{a+b}$$

图 16

(4)*Mathematics in School*,2013 年第 1 期(图 17).

① 算术平均值:$A = \dfrac{a+b}{2}$;

② 调和平均值:$H = \dfrac{2ab}{a+b}$;

③ 几何平均值:$G = \sqrt{ab}$;

④ 平方平均值:$Q = \sqrt{\dfrac{a^2 + b^2}{2}}$.

算术平均值是正方形边长的一半. 由 $\triangle VXW \backsim \triangle VZY$,有 $\dfrac{H}{b} = \dfrac{a}{A}$,$H = \dfrac{2ab}{a+b}$,也有 $G^2 = ab = HA$. 考虑恒等式 $\dfrac{a^2 + b^2}{2} = \dfrac{(a+b)^2}{2} - ab$. 这也能改写成 $Q^2 = 2A^2 - G^2$.

比较代表各平均值平方的正方形面积的大小(图 17),得到

$$Q \geqslant A \geqslant G \geqslant H$$

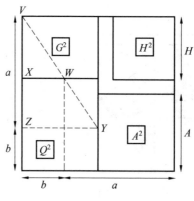

图 17

Mathematics Magazine：

(5)(1996 年第 1 期) 五个平均值(图 18).

① 算术平均值：$\mathrm{am} = \mathrm{AM}(a,b) = \dfrac{a+b}{2}$；

② 反调和平均值：$\mathrm{cm} = \mathrm{CM}(a,b) = \dfrac{a+b}{2}$；

③ 几何平均值：$\mathrm{gm} = \mathrm{GM}(a,b) = \sqrt{ab}$；

④ 调和平均值：$\mathrm{hm} = \mathrm{HM}(a,b) = \dfrac{2ab}{a+b}$；

⑤ 平方平均值：$\mathrm{rms} = \mathrm{RMS}(a,b) = \sqrt{\dfrac{a^2+b^2}{2}}$.

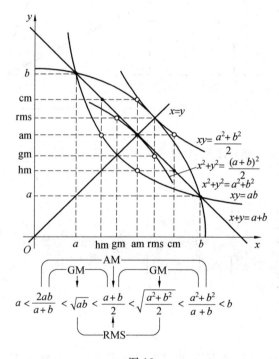

图 18

现在来看以下几个关系式：

① $0 < a < b \Rightarrow a < \dfrac{2ab}{a+b} < \sqrt{ab} < \dfrac{a+b}{2} < \sqrt{\dfrac{a^2+b^2}{2}} < \dfrac{a^2+b^2}{a+b} < b$；

② $\mathrm{hm} + \mathrm{cm} = a + b \Rightarrow \mathrm{AM}(\mathrm{hm},\mathrm{cm}) = \mathrm{am}$；

③ $\mathrm{hm} \cdot \mathrm{am} = a \cdot b \Rightarrow \mathrm{GM}(\mathrm{hm},\mathrm{am}) = \mathrm{gm}$；

④ $\mathrm{am} \cdot \mathrm{cm} = \dfrac{a^2+b^2}{2} \Rightarrow \mathrm{GM}(\mathrm{am},\mathrm{cm}) = \mathrm{rms}$；

⑤$gm^2 + rms^2 = \dfrac{(a+b)}{2} \Rightarrow RMS(gm,rms) = am.$

(6)(2009 年第 2 期) 算术 — 几何 — 调和平均值不等式

$$A(a,b) = \dfrac{a+b}{2}, G(a,b) = \sqrt{ab}, H(a,b) = \dfrac{2ab}{a+b}$$

由图 19,得

$$H(a,b) \leqslant G(a,b) \leqslant A(a,b)$$

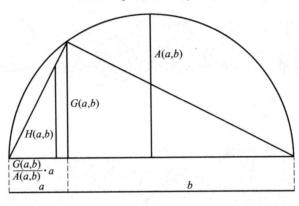

图 19

(7)(2014 年第 4 期) 算术 — 调和平均值不等式的物理证明(图 20).

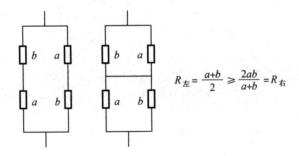

$R_{左} = \dfrac{a+b}{2} \geqslant \dfrac{2ab}{a+b} = R_{右}$

图 20

也就是说,AM ≥ HM,不等式可以扩展到 AG ≥ GM ≥ HM,因为 GM² = AM · HM. 这个证明出现在文献[2],[3] 这两本书中,这两本书探讨内容丰富的数学与物理之间的联系,并给出了许多用物理来证明数学定理的例子.

(8)(2000 年第 2 期) 三个正数的算术 — 几何平均值不等式.

引理　$ab + ac + bc \leqslant a^2 + b^2 + c^2$(图 21).

定理　$3abc \leqslant a^3 + b^3 + c^3$(图 22).

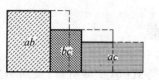 ⊆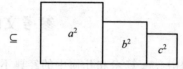

图 21

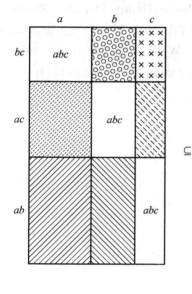 ⊆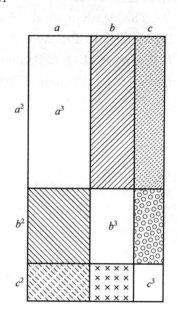

图 22

（9）铃木晋（Suzuki shinichi），《平面几何问题精选》，东京：日本评论社，2015（图 23）.

$$\frac{2}{\dfrac{1}{a}+\dfrac{1}{b}} \leqslant \sqrt{ab} \leqslant \frac{a+b}{2} \leqslant \sqrt{\frac{a^2+b^2}{2}}$$

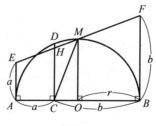

图 23

书中没有哪一条线段表示哪一种平均值的说明，它的解读留给有兴趣的读者.

参考文献

[1] 阿·勃林柯夫. 算术和几何中的经典不等式[M]. 莫斯科:莫斯科数学连续
    教育中心出版社,2012.

[2] LOVI M. The Mathematical Mechanic:Using Physical Reasoning to
    Solve Problems[M]. Princeton,NJ:Princeton University Press,2009.

[3] DOYLE P G,SNELL J L. Random Walks and Electric Networks[M].
    Washington DC:Mathematical Association of America,1984.

❖ 无穷下降法

哪个无理数最"老"？毫无疑问，是$\sqrt{2}$. 我们并不确切地知道，谁第一个证明了这个数的无理性，但是我们相信，这个证明大略如下.

证法 1　假设数$\sqrt{2}$是有理数. 几何上这意味着，正方形的长为c的对角线与长为a的边是可公度的，也就是说，找得到长为d的线段以及整数m和n，使得$c=dm$，$a=dn$. 在对角线AC上取$m-1$个点并在边DC上取$n-1$个点，它们把这两条线段分成长为d的小线段. 在$|AC|$上取线段AK：$|AK|=|AD|$；在$|DC|$上取线段DE：$|DE|=|KC|$. 点K和E落到所取的点上(图 1). 我们来证明，$\triangle ACD$ 和 $\triangle KEC$ 相

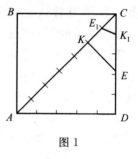

图 1

似，$\angle C$ 是它们的公共角，这意味着，只要验证等式$\dfrac{|KC|}{|EC|}=\dfrac{|CD|}{|AC|}$ 即可.

我们指出，$|KC|=c-a$，$|EC|=2a-c$，所以$\dfrac{|KC|^2}{|EC|^2}=\dfrac{c^2+a^2-2ac}{c^2+4a^2-4ac}$. 因为$c^2=2a^2$，所以

$$\frac{|KC|^2}{|EC|^2}=\frac{3a^2-2ac}{6a^2-4ac}=\frac{1}{2}=\frac{|AD|^2}{|AC|^2}$$

由此知，$\triangle KEC$ 相似于等腰 Rt$\triangle DCA$，并且我们能够在它的两边上继续(如在$\triangle ACD$ 的两边上)这样的作法. 在$|EC|$上取线段EK_1：$|EK_1|=|KC|$；在$|KC|$上取线段KE_1：$|KE_1|=|K_1C|$. 这时点K_1和E_1又落到分割点上，所以 $\triangle K_1CE_1$ 是等腰直角三角形. 对它我们用同样的方法求作 $\triangle K_2CE_2$，这个过程可以无限继续下去. 这时 $\triangle K_jCE_j$ 会变得越来越小，但是每一次点 K_j 和 E_j 都将落到线段 AC 和 CD 一开始的分割点上. 要知道这些点的个数是有限的！而 $\triangle K_jCE_j$ 有无限多个. 这个矛盾证明了$\sqrt{2}$ 的无理性.

过了一个世纪……出现了更简单的代数证明.

证法 2　$\sqrt{2}$ 的无理性意味着方程 $x^2=2y^2$ 没有自然数解 x,y. 假设存在这样的解，且 $x=m$，$y=n$ 是解之一.

由方程知，m 是偶数，$m=2m_1$. 把 $m=2m_1$ 代入方程，得到 $n^2=2m_1^2$，即 $x=n$，$y=m_1$ 也是一个解. 这时我们指出，$n<m$，$m_1<n$. 现在显然，n 是偶数，$n=2n_1$，所以 $m_1^2=2n_1^2$. 这样，$x=m_1$，$y=n_1$ 也是方程的解，这时 $m_1<n$，$n_1<m_1$.

我们可以这样一直做下去,得到越来越小的解.但是这里已经产生了矛盾.要知道所有的数 $m,n,m_1,n_1,\cdots$ 是自然数,$m > n > m_1 > n_1 > \cdots$,而无限递减的自然数数列是不可能的!这意味着,我们的假设是错的,所以数 $\sqrt{2}$ 是无理数.

上述两个证明实质上是按同一方案进行的:先假设问题有解,我们构造某个无限的过程,这时按问题本身的意义而言,这个过程应该在某一步停下来.那么类似的方法就称为无穷下降法.(无穷下降法应该是古希腊数学家发明的.有理由认为,费马曾试图用这个方法来证明自己的大定理.)

通常应用的下降法要更简单些.

证法 3 设 $x = m, y = n$ 是方程 $x^2 = 2y^2$ 的以 x 为最小可能的解.数 m 应该是偶数,$m = 2m_1$,所以 $x = n, y = m_1$ 也是方程的一个解.但是 $m > n$,这与作为最小的解 m, n 的选取矛盾.

由这一证法显见,下降法与数学归纳法是有共性的.两种方法基于一个事实:自然数的任意的非空集合有一个最小的元素.下降法最适用于证明"否认"的定理.

应用下降法解题

问题 1 证明:方程

$$8x^4 + 4y^4 + 2z^4 = t^4$$

没有自然数解.

解答 假设存在解,且 $x = m, y = n, z = p, t = r$ 是以 x 为最小可能的解.由方程,显然,r 是偶数,$r = 2r_1$.把这个解代入方程,除以 2,得

$$4m^4 + 2n^4 + p^4 = 8r_1^4$$

现在显然,p 是偶数,$p = 2p_1$,所以

$$2m^4 + n^4 + 8p_1^4 = 4r_1^4$$

接下来我们有 $n = 2n_1$,则

$$m^4 + 8n_1^4 + 4p_1^4 = 2r_1^4$$

最后,$m = 2m_1$,有

$$8m_1^4 + 4n_1^4 + 2p_1^4 = r_1^4$$

这样,$x = m_1, y = n_1, z = p_1, t = r_1$ 是我们方程的解.但是要知道 $m_1 < m$,所以我们得到与作为最小解 m, n, p, r 的选取的矛盾.

现在我们来考察稍难一些的问题.

问题 2 试证明:方程

$$x^2 + y^2 + z^2 + u^2 = 2xyzu$$

没有自然数解.

解答 设 x, y, z, u 是一组解.

因为 $x^2 + y^2 + z^2 + u^2$ 是偶数,所以数 x,y,z,u 中有偶数个奇数,也就是说,或者有四个,或者有两个,或者有零个奇数.如果所有的数都是奇数,那么数 $x^2 + y^2 + z^2 + u^2$ 能被 4 整除,但是 $2xyzu$ 不能被 2 整除.如果只有两个数是奇数,那么数 $x^2 + y^2 + z^2 + u^2$ 不能被 4 整除,但是 $2xyzu$ 能被 4 整除.所以所有的数是偶数,也就是说,$x = 2x_1, y = 2y_1, z = 2z_1, u = 2u_1$.把这些值代入方程,得

$$x_1^2 + y_1^2 + z_1^2 + u_1^2 = 8x_1 y_1 z_1 u_1$$

如前面我们看到的那样,所有四个数都是奇数是不可能的,否则的话,$x_1^2 + y_1^2 + z_1^2 + u_1^2$ 不能被 8 整除.恰有两个奇数也不可能,因为这时 $x_1^2 + y_1^2 + z_1^2 + u_1^2$ 不能被 8 整除.由此我们得知,所有的数都是偶数,也就是说,$x_1 = 2x_2, y_1 = 2y_2, z_1 = 2z_2, u_1 = 2u_2$,所以

$$x_2^2 + y_2^2 + z_2^2 + u_2^2 = 32x_2 y_2 z_2 u_2$$

正如前面所论证的那样,我们得到 x_2, y_2, z_2, u_2 是偶数,等等.容易明白,对于所有的自然数 s,有

$$x_s^2 + y_s^2 + z_s^2 + u_s^2 = 2^{2s+1} x_s y_s z_s u_s$$

并且

$$x_k = 2x_{k+1}, y_k = 2y_{k+1}, z_k = 2z_{k+1}, u_k = 2u_{k+1}, k \geqslant 1$$

也就是说,对于任意自然数 s,数 $\dfrac{x}{2^s}, \dfrac{y}{2^s}, \dfrac{z}{2^s}, \dfrac{u}{2^s}$ 是整数.而无论对于怎样的自然数 x,y,z,u,这是不可能的.

下面是一个有无穷组解的方程,我们用同样的方法去研究它.

问题 3 求方程

$$x^2 - 2y^2 = 1$$

的所有自然数解.

解答 显然,$x_1 = 3, y_1 = 2$ 是该方程的解.我们来证明,如果数对 x,y 是一组解,那么数对 $3x + 4y, 2x + 3y$ 也是一组解.这得自于恒等式

$$(3x + 4y)^2 - 2(2x + 3y)^2 = x^2 - 2y^2$$

由此知

$$x_2 = 3 \times 3 + 4 \times 2 = 17$$
$$y_2 = 2 \times 3 + 3 \times 2 = 12$$
$$x_3 = 99, y_3 = 70, \cdots$$

我们指出了解的无穷序列:$x_1, y_1; x_2, y_2; \cdots$,现在来证明,满足方程的其他的数是不存在的.

设 x,y 是某一组解.在此情况下,$3x - 4y, 3y - 2x$ 也是一组解,因为

$$(3x - 4y)^2 - 2(3y - 2x)^2 = x^2 - 2y^2$$

根据题目条件,$9 = 9x^2 - 18y^2 > -2y^2$ 得到 $3x > 4y$;而当 $y > 2$ 时,根据

条件 $4 = 4x^2 - 8y^2 < y^2$，得到 $3y > 2x$. 也就是说，当 $y > 2$ 时，由解 x, y，我们得到自然数解 $x^{(1)}, y^{(1)}$，并且 $x^{(1)} < x, y^{(1)} < y$. 因为这个过程不能无限继续下去（在自然数的任意一个集合中有最小的元素！），所以无论何时我们得到解 $x^{(n)}, y^{(n)}$，都有 $y^{(n)} \leqslant 2$. 因为 $y^{(n)}$ 显然不能等于 1，所以 $y^{(n)} = 2$. 于是，$x^{(n)} = 3$. 这意味着，数 x 和 y 属于先前构造的序列.

下面应用无穷下降法来解题，无穷下降的思想可用来解某些组合几何问题.

问题 4　正方体能否分割成若干个不一样的正方体？

解答　首先做一个显然的备注. 设正方形 P 分割成有限个不同的正方形. 这时最小的正方形不与正方形 P 的边界邻接.

现在假设正方体 Q 成功地分割成若干个不同的正方体 Q_j，设 P 是 Q 的一个侧面. 与 P 邻接的正方体 Q_j 把 P 分成两两不同的正方形. 设 P_1 是这些正方形中的最小者，Q_1 是相应的正方体. P_1 不与 P 的边界邻接，所以它被大的正方形包围. 相应的正方体构成了小正方体 Q_1 坐落其中的"井".

设 P'_1 是正方体 Q_1（侧面 P_1 所对的）上部的侧面. 与 P'_1 邻接的正方体把 P'_1 分割成不同的正方形. 它们中的最小者 P_2 处于 P'_1 的内部，所以包围正方体 Q_2 的相应的正方体大于 Q_2，并且再次构成"井". 进一步继续这样的构造，我们得到无穷的"塔"，它由所有一步步变小的正方体构成，而这是不可能的.

最后来看一个方格纸问题.

问题 5　已给一张方格纸. 证明：当 $n \neq 4$ 时，不存在正 n 边形，它的顶点在格点上.

解答　首先证明，不存在格点正三角形. 实际上，设这个三角形的边长是 a，这时根据勾股定理知 a^2 是整数. 此时三角形的面积等于 $\dfrac{\sqrt{3}\,a^2}{4}$，也就是说，这个三角形的面积是无理数. 另一方面，显然，任意格点多边形的面积是有理数.

因为在正六边形内能够内接以它的顶点为顶点的正三角形，对于 $n = 6$，命题也成立.

设 $n \neq 3, 4, 6$. 假设，$P_1 P_2 \cdots P_n$ 是格点多边形. 从点 $P_1, P_2, \cdots, P_n$ 起取分别等于向量 $\overrightarrow{P_2 P_3}, \overrightarrow{P_3 P_4}, \cdots, \overrightarrow{P_1 P_2}$ 的向量（图 2）. 那么新的点又落到格点上，并且构成一个在第一个正 n 边形内部的正 n 边形. 从新的正 n 边形依然可以这样做，如此等等，以致无穷. 但是 n 边形边长的平方是整数，而在我们的求作过程中，它总是在减小！

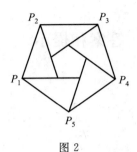

图 2

练 习 题

1.证明:顶角为 $36°$ 的等腰三角形的底边与腰是不可公度的.

2.证明:数 7 不能表示为三个有理数的平方和.

3.求下列方程的整数解:

(1) $x^3 - 3y^3 - 9z^3 = 0$；

(2) $5x^3 + 11y^3 + 13z^3 = 0$.

4.证明:下列方程没有自然数解。

(1) $x^2 + y^2 + z^2 = 2xyz$；

(2) $x^4 + y^4 = z^4$.

5.求下列方程的自然数解:

(1) $x^2 + (x+1)^2 = y^2 + 1$；

(2) $3x^2 - 7y^2 + 1 = 0$；

(3) $(x+1)^3 - x^3 = y^3$.

6.证明:形如 $4^n(8k-1)$（k 和 n 是自然数）的任意的数不是完全平方数,并且不能表示为两个或三个整数的平方和.

7.设 $a_1, a_2, \cdots, a_n$ 是两两不同的自然数组（$n > 2$）.从它得到新的数组 $\dfrac{a_1 + a_2}{2}$, $\dfrac{a_2 + a_3}{2}, \cdots, \dfrac{a_{n-1} + a_n}{2}, \dfrac{a_n + a_1}{2}$,由它按同样的规则得到下一组数,并如此继续下去.证明:经过若干步一定能得到一组数,在这组数中不是所有的数都是整数.

8.已知一个凸多面体和它内部的一点.证明:通过这一点引的各侧面的垂线中,至少有一条与相应的侧面相交.这个事实对于非凸多面体是否为真?

9.设 $a_1, a_2, \cdots, a_{2^n}$ 是任意的自然数组.证明:如果由它构成新的数组 b_1, $b_2, \cdots, b_{2^n}$（$b_k = | a_{k+1} - a_k |, k = 1, 2, \cdots, 2^n, a_{2^n+1} = a_1$）,然后由数组 $b_1, b_2, \cdots, b_{2^n}$ 按同样的规则构成数组 $c_1, c_2, \cdots, c_{2^n}$,那么经过有限步我们将得到仅仅由零构成的数组.

答案和提示

1.参看图 3.

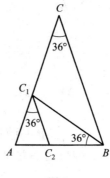

图 3

2.问题归结为求方程 $x^2+y^2+z^2=7x^2$ 的自然数解.考察除以 8 所得的余数知,t 是偶数.进而容易得到,x,y,z 也是偶数.

3.(1) 利用对 3 的可除性.

(2) 利用对 13 的可除性.

4.(1) 参看文中的问题 2.

(2) 考察方程 $(x^2)^2+(y^2)^2=u^2$.请作以下代换:$x^2=2tv,y^2=t^2-v^2,u=t^2+v^2$.

5.利用下列恒等式:

(1)$(3x+2y+1)^2+(3x+2y+2)^2-(4x+3y+2)^2=x^2+(x+1)^2-y^2$;

(2)$3(55x+84y)^2-7(36x+55y)^2=3x^2-7y^2$;

(3)$[2(7y+12x+6)]^2-3[(4y+7x+3)+1]^2=(2y)^2-3(2x+1)^2$.

6.略.

7.试证明,经过每一步或者最大的数减小,或者最大数的个数减少.

8.放一个多面体在它的一个侧面上并考察从它能得到什么.

9.试证明,经过若干步之后所有的数成为偶数.

(库尔良奇克,罗森布吕姆,《量子》1978 年第 1 期.)

❖这些是"诡异的"向量

来谈谈用向量法解几何题的某些特点.

问题 1 棱锥 $SABCD$ 的底面是平行四边形 $ABCD$. 一个平面交棱锥的侧棱 SA, SB, SC 和 SD 分别于点 M, N, P 和 Q, 使得 $SM : SA = a$, $SN : SB = b$, $SP : SC = c$, $SQ : SD = d$. 证明：$\dfrac{1}{a} + \dfrac{1}{c} = \dfrac{1}{b} + \dfrac{1}{d}$.

解答 线段 NM, NP 和 NQ 位于同一平面内（图 1）. 根据共面向量的定义, 向量 $\overrightarrow{NM}, \overrightarrow{NP}$ 和 $\overrightarrow{NQ}$ 共面. 向量 $\overrightarrow{NM}$ 和 $\overrightarrow{NP}$ 显然不共线, 所以根据共面向量分解定理, 存在数 x 和 y, 使得

$$\overrightarrow{NQ} = x\,\overrightarrow{NM} + y\,\overrightarrow{NP} \tag{1}$$

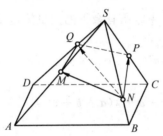

图 1

按三个不共面的向量 $\overrightarrow{SA}, \overrightarrow{SB}$ 和 $\overrightarrow{SC}$ 分解这些向量. 我们有 $\overrightarrow{SM} = a\,\overrightarrow{SA}$, $\overrightarrow{SN} = b\,\overrightarrow{SB}$, $\overrightarrow{SP} = c\,\overrightarrow{SC}$, $\overrightarrow{SQ} = d\,\overrightarrow{SD}$, 由此得

$$\overrightarrow{NM} = \overrightarrow{SM} - \overrightarrow{SN} = a\,\overrightarrow{SA} - b\,\overrightarrow{SB} \tag{2}$$

$$\overrightarrow{NP} = \overrightarrow{SP} - \overrightarrow{SN} = c\,\overrightarrow{SC} - b\,\overrightarrow{SB} \tag{3}$$

$$\overrightarrow{NQ} = \overrightarrow{SQ} - \overrightarrow{SN} = d\,\overrightarrow{SD} - b\,\overrightarrow{SB} \tag{4}$$

因为 $\overrightarrow{SD} = \overrightarrow{SA} + \overrightarrow{AD}$, 而 $\overrightarrow{AD} = \overrightarrow{BC} = \overrightarrow{SC} - \overrightarrow{SB}$, 由式（4）得

$$\overrightarrow{NQ} = d\,\overrightarrow{SA} - (d + b)\,\overrightarrow{SB} + d\,\overrightarrow{SC} \tag{5}$$

将式（2）（3）（5）代入式（1）, 得

$$\overrightarrow{NQ} = d\,\overrightarrow{SA} - (d + b)\,\overrightarrow{SB} + d\,\overrightarrow{SC} = ax\,\overrightarrow{SA} - b(x + y)\,\overrightarrow{SB} + cy\,\overrightarrow{SC} \tag{6}$$

由向量分解的唯一性知, 等式（6）等价于方程组

$$\begin{cases} d = ax \\ d + b = b(x + y) \\ d = cy \end{cases} \tag{7}$$

由此得

$$x + y = \frac{d}{a} + \frac{d}{c} = \frac{d+b}{b}$$

或者

$$\frac{1}{a} + \frac{1}{c} = \frac{1}{b} + \frac{1}{d}$$

在所考察的例子中向量等式(6)归结为方程组(7).应该记住,空间向量的相等恰等价于三个代数等式的组合.所以,如果这个组合中哪怕有一个对于变量的任一值不成立,那么向量的相等就不成立,且原来的几何问题无解.下面用一个简单的例子来确定这一点.

问题 2　$ABCDA_1B_1C_1D_1$ 为平行六面体,点 M 为棱 BB_1 的中点,点 N 属于直线 BD_1.对于怎样的比例 $BN:BD_1$,直线 AN 和 C_1M 平行?

解答　向量 $\overrightarrow{BN}$ 和 $\overrightarrow{BD_1}$ 共线(图 2),所以对于某个 λ,有

$$\overrightarrow{BN} = \lambda \overrightarrow{BD_1} \tag{8}$$

令 $\overrightarrow{BA} = \boldsymbol{a}, \overrightarrow{BC} = \boldsymbol{b}, \overrightarrow{BB_1} = \boldsymbol{c}$,所有余下的向量按这三个不共面的向量分解.因为

$$\overrightarrow{BD_1} = \boldsymbol{a} + \boldsymbol{b} + \boldsymbol{c}, \overrightarrow{BN} = \lambda(\boldsymbol{a} + \boldsymbol{b} + \boldsymbol{c})$$

进而

$$\overrightarrow{AN} = \overrightarrow{AB} + \overrightarrow{BN} = -\boldsymbol{a} + \lambda(\boldsymbol{a} + \boldsymbol{b} + \boldsymbol{c}) = (\lambda - 1)\boldsymbol{a} + \lambda\boldsymbol{b} + \lambda\boldsymbol{c}$$

此外

$$\overrightarrow{MC_1} = \overrightarrow{MB_1} + \overrightarrow{B_1C_1} = \frac{1}{2}\boldsymbol{c} + \boldsymbol{b}$$

如果直线 AN 与 MC_1 平行,那么向量 $\overrightarrow{AN}$ 与 $\overrightarrow{MC_1}$ 共线,这意味着,对于某个 x 成立等式 $\overrightarrow{AN} = x\overrightarrow{MC_1}$,由此得

$$(\lambda - 1)\boldsymbol{a} + \lambda\boldsymbol{b} + \lambda\boldsymbol{c} = x\boldsymbol{b} + \frac{x}{2}\boldsymbol{c} \tag{9}$$

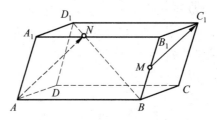

图 2

由式(9)立即得,$\lambda - 1 = 0, \lambda = 1$.现在由式(8)得到 $BN:BD_1 = 1$.
看来问题已经解决.但并非如此.事实上,等式(9)等价于方程组

$$\begin{cases} \lambda - 1 = 0 \\ \lambda = x \\ \lambda = \dfrac{x}{2} \end{cases}$$

容易看到，这个关于 λ 和 x 的方程组无解．由前两个方程得，$x = \lambda = 1$，把它代入第三个方程导致不成立的等式 $1 = \dfrac{1}{2}$．这样，对于点 N 的任意的位置，直线 AN 和 MC_1 不平行．

这个结果对于该问题是显然的．事实上，直线 MC_1 与平面 AD_1C_1B 相交，所以不能与位于这个平面内的直线 AN 平行．

以上利用了共面向量的分解定理：如果向量 $\boldsymbol{a}$ 和 $\boldsymbol{b}$ 不共线，那么任意与向量 $\boldsymbol{a}$ 和 $\boldsymbol{b}$ 共面的向量 $\boldsymbol{c}$ 能够表示成唯一的形式

$$\boldsymbol{c} = x\boldsymbol{a} + y\boldsymbol{b} \tag{10}$$

一个问题是：如果式(10)成立，那么向量 $\boldsymbol{a}, \boldsymbol{b}, \boldsymbol{c}$ 是否共面．在中学教科书中没有相应的定理，但是容易明白，这个问题的答案是肯定的

如果对于某些数 x 和 y 成立式(10)，那么向量 $\boldsymbol{a}, \boldsymbol{b}, \boldsymbol{c}$ 共面 $\qquad (*)$

我们利用下面的情况来证明它．向量 $\boldsymbol{a}$ 和 $\boldsymbol{b}$ 不共线，并且 $x \neq 0, y \neq 0$．从某点 O 起取向量 $\overrightarrow{OA} = x\boldsymbol{a}$ 和 $\overrightarrow{OB} = y\boldsymbol{b}$（图3）．它们的和是向量 $\overrightarrow{OC}$，这里 OC 是平行于四边形 $OACB$ 的对角线．由此给出向量 $\boldsymbol{a}, \boldsymbol{b}, \boldsymbol{c}$ 方向的射线分别平行于位于平面 OAB 内的直线 OA, OB, OC．于是，向量 $\boldsymbol{a}, \boldsymbol{b}, \boldsymbol{c}$ 共面．

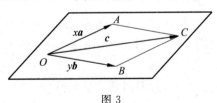

图 3

问题 3　点 A 是平行四边形 $ABCD$ 和 $AB_1C_1D_1$ 的公共顶点．试证明：向量 $\overrightarrow{BB_1}, \overrightarrow{CC_1}, \overrightarrow{DD_1}$ 共面．

解答　我们有 $\overrightarrow{CC_1} = \overrightarrow{CB} + \overrightarrow{BB_1} + \overrightarrow{B_1C_1}$（图4），因为 $\overrightarrow{CB} = \overrightarrow{DA}$，$\overrightarrow{B_1C_1} = \overrightarrow{AD_1}$，由此得到 $\overrightarrow{CC_1} = \overrightarrow{BB_1} + (\overrightarrow{DA} + \overrightarrow{AD_1})$．又 $\overrightarrow{DA} + \overrightarrow{AD_1} = \overrightarrow{DD_1}$，所以 $\overrightarrow{CC_1} = \overrightarrow{BB_1} + \overrightarrow{DD_1}$．根据 $(*)$ 得，向量 $\overrightarrow{CC_1}, \overrightarrow{BB_1}$ 和 $\overrightarrow{DD_1}$ 共面．

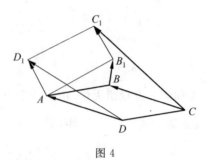

图 4

问题 4　给定三个单位向量 a, b 和 c，使得 $\langle a, c \rangle = \langle b, c \rangle = \dfrac{\pi}{3}$，$\langle a, b \rangle = \dfrac{\pi}{2}$，

则这些向量是否共面？

首先，建议找出下列讨论中的错误：

我们来证明 a, b, c 共面. 我们寻找数 x 和 y，使得

$$c = xa + yb \tag{11}$$

为此对式(11)的两边作点乘向量 a，得到 $c \cdot a = xa \cdot a + yb \cdot a$. 由此得

$x = \dfrac{1}{2}$. 再对式(11)的两边作点乘 b，得 $c \cdot b = xa \cdot b + yb \cdot b$，由此得 $y = \dfrac{1}{2}$.

于是

$$c = \frac{1}{2}a + \frac{1}{2}b \tag{12}$$

根据（＊），向量 a, b, c 共面.

容易确认，这个论断是错误的. 只要尝试在同一平面上从某一点起取三个向量 a, b, c，使得它们之间有给定的角. 立即明白，这是不可能的. 于是向量 a, b 和 c 不共面.

为了弄清楚在哪里犯了错，我们回到论证的开始. 那里曾说出了意图：求这样的数 x 和 y，使得等式(11)成立. 但是这个意图没有实现. 事实上，随后的计算仅仅证明了，从式(11)得到式(12)，仅此而已. 既不存在数 x 和 y，使得式(11)成立，又没证明等式(12)的成立. 这意味着，结论"由（＊）推出向量 a, b, c 共面"是没有根据的.

这里的错误在于，所作的讨论得到了不适合欲证命题的结论.

现在作问题 4 的向量解.

我们用反证法证明，向量 a, b, c 不共面. 假设存在这样的数 x 和 y，使得等式(11)成立. 这时如前面所作的那样，得知式(12)是成立的. 在式(12)两边点乘向量 c，我们得到，等式 $1 = \dfrac{1}{4} + \dfrac{1}{4}$ 成立，也就是说 $1 = \dfrac{1}{2}$. 这个矛盾说明式(11)对于任何 x 和 y 都不成立，即向量 a, b, c 不共面.

我们再考察一个例子：几何问题的条件到"向量语言"的不完整的翻译会导致怎样的错误.

问题 5 在四面体 $ABCD$ 中,当棱 AD 的长为多少时成立如下关系式

$$\angle ABC = \frac{\pi}{2}, \angle BCD = \langle AB, CD \rangle = \arccos \frac{5}{7}$$

$$|AB| = |BC| = |CD| = a \tag{13}$$

解答 因为 $\overrightarrow{AD} = \overrightarrow{AB} + \overrightarrow{BC} + \overrightarrow{CD}$,我们得到

$$\overrightarrow{AD}^2 = \overrightarrow{AB}^2 + \overrightarrow{BC}^2 + \overrightarrow{CD}^2 + 2\overrightarrow{AB} \cdot \overrightarrow{BC} + 2\overrightarrow{AB} \cdot \overrightarrow{CD} + 2\overrightarrow{BC} \cdot \overrightarrow{CD}$$

这里

$$\overrightarrow{AB}^2 = \overrightarrow{BC}^2 = \overrightarrow{CD}^2 = a^2, \overrightarrow{AB} \cdot \overrightarrow{BC} = 0$$

$$\overrightarrow{BC} \cdot \overrightarrow{CD} = a^2 \cos(\pi - \angle BCD) = -\frac{5}{7}a^2$$

$$\overrightarrow{AB} \cdot \overrightarrow{CD} = a^2 \cos\langle \overrightarrow{AB}, \overrightarrow{CD} \rangle$$

又有两种可能的情况：$\langle \overrightarrow{AB}, \overrightarrow{CD} \rangle = \arccos \frac{5}{7}$ 或者 $\langle \overrightarrow{AB}, \overrightarrow{CD} \rangle = \pi - \arccos \frac{5}{7}$,得

$\overrightarrow{AB} \cdot \overrightarrow{CD} = \frac{5}{7}a^2$,或者 $\overrightarrow{AB} \cdot \overrightarrow{CD} = -\frac{5}{7}a^2$. 由此得, $\overrightarrow{AD}^2 = 3a^2$, 或者 $\overrightarrow{AD}^2 = \frac{a^2}{7}$. 这意味着, $|\overrightarrow{AD}| = \sqrt{3}a$,或者 $|\overrightarrow{AD}| = \frac{a}{\sqrt{7}}$.

初看起来,在这个解答中不存在错误的可能. 然而其中确实有错. 事实上,所设的几何问题等价于解向量方程组的问题

$$\begin{cases} |\overrightarrow{AB}| = |\overrightarrow{BC}| = |\overrightarrow{CD}| = a \\ \overrightarrow{AB} \cdot \overrightarrow{BC} = 0 \\ \overrightarrow{AB} \cdot \overrightarrow{CD} = \pm \frac{5}{7}a^2 \\ \overrightarrow{BC} \cdot \overrightarrow{CD} = -\frac{5}{7}a^2 \\ \overrightarrow{AD} = \overrightarrow{AB} + \overrightarrow{BC} + \overrightarrow{CD} \end{cases} \tag{14}$$

这是一个具有四个未知向量 $\overrightarrow{AB}, \overrightarrow{BC}, \overrightarrow{CD}$ 和 $\overrightarrow{AD}$ 的方程组,而问题 5 的几何表示现在能被代数(向量的)表示所替代：向量 $\overrightarrow{AD}$ 之长等于多少,如果向量 $\overrightarrow{AB}, \overrightarrow{BC}, \overrightarrow{CD}$ 和 $\overrightarrow{AD}$ 满足方程组(14)?

显然,所指的问题的设问要求方程组(14)的解,或者证明它的存在性.

在上述解答中,取最后一个方程并在取平方后借助其他方程作变换.

然而方程组本身无解. 换言之,已经证明了,如果方程组(14)有解,那么

$AD = \sqrt{3}a$,或者 $AD = \frac{a}{\sqrt{7}}$.

　　读者不难明白,这里实质上犯了在问题 4 解答中同样的错误:作出的结论不符合实际上已经证明的结果.

　　我们来证明,方程组(14)无解.首先作几何证明.

　　作 $\mathrm{Rt}\triangle ABC$(图 5):$\angle ABC = \dfrac{\pi}{2}$,$AB = BC = a$. 通过点 C 引直线 $A'B' /\!/ AB$.设直线 CD 与直线 BC 和 $A'B'$(或者也与 AB)构成相等的角 α.这时容易得到结论,直线 CD 在平面 ABC 上的垂直射影或者在 $\angle BCA'$ 的平分线 CA 上,或者在 $\angle BCB'$ 的平分线 CE 上.由此得到,在第一种情况中 $\angle BCD > \angle BCA$,而在第二种情况中 $\angle BCD > \angle BCE$.因为 $\angle BCA = \angle BCE = \dfrac{\pi}{4}$,得到 $\alpha > \dfrac{\pi}{4}$.但 $\alpha = \arccos \dfrac{5}{7}$ 不满足这个条件,也就是说,对于棱 AD 任意的长关系式均不成立.这就是问题 5 的答案.

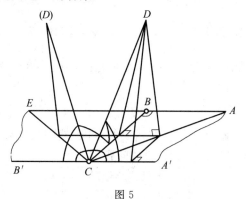

图 5

　　方程组(14)的向量研究能够这样来进行.设向量 $\boldsymbol{h}$ 垂直于向量 $\overrightarrow{AB}$ 和 $\overrightarrow{BC}$,并且 $|\boldsymbol{h}| = a$(这样的向量在空间中是存在的),向量 $\overrightarrow{AB}$,$\overrightarrow{BC}$ 和 $\boldsymbol{h}$ 不共面,所以对于某些 x,y,z,成立

$$\overrightarrow{CD} = x\overrightarrow{AB} + y\overrightarrow{BC} + z\boldsymbol{h} \tag{15}$$

在式(15)的两边点乘向量 $\overrightarrow{AB}$,得 $x = \pm\dfrac{5}{7}$,而式(15)点乘 $\overrightarrow{BC}$,得 $y = -\dfrac{5}{7}$.这时

$$|\overrightarrow{CD}|^2 = (x^2 + y^2 + z^2)a^2 = \left(\frac{50}{49} + z^2\right)a^2 > a^2$$

而这与条件 $|\overrightarrow{CD}| = a$ 矛盾.

　　于是方程组(14)无解,我们得到与前面一致的答案.

　　以下练习题可用向量和纯几何的方法来解.

练 习 题

1. 已知不共线的三点 A,B,C 以及点 D 和 $O,O \neq D$. 证明：使点 D 属于平面 ABC 的充要条件是 $\overrightarrow{OD} = x\overrightarrow{OA} + y\overrightarrow{OB} + z\overrightarrow{OC}$，这里 $x + y + z = 1$.

2. 棱锥 $SABCD$ 的底面是平行四边形 $ABCD$. 在棱 AB,AS 和 SC 上分别存在点 M,N 和 P，使得 $BM : AB = AN : AS = SP : SC = 2 : 3$. 通过棱 BC 的中点 Q 作直线，它平行于平面 MNP 并且交直线 SD 于点 R. 求 $DR : DS$.

3. 正棱柱 $ABCA_1B_1C_1$ 的所有的棱的棱长为 a，垂直于平面 BA_1C_1 的直线分别交直线 BC_1 和 AB_1 于点 M 和 N. 求 MN 的长.

4. 已知不共面的三条直线，则存在几条直线，它们通过已知点并且与给定的三条直线成相等的角.

5. 在四面体 $ABCD$ 中，$AB = BC = CD,\angle ABC = \alpha,\angle BCD = \langle AB,CD \rangle = \beta$. 求直线 AD 和 BC 所成的角，对于怎样的 α 和 β：(1) 没有解；(2) 有一个解；(3) 有两个解？

答案和提示

1. 略.

2. $1 : 1$.

3. $\sqrt{\dfrac{7}{3}}\, a$.

4. 4.

5. 如果 $\alpha < \dfrac{\pi}{2}, \dfrac{\pi}{2} < \beta \leqslant \dfrac{\pi - \alpha}{2}$，那么

$$\langle AD, BC \rangle = \arccos \frac{|1 - \cos \alpha - \cos \beta|}{\sqrt{3 - 2\cos \alpha}} \tag{16}$$

如果 $\dfrac{\pi}{2} < \alpha, \dfrac{\pi - \alpha}{2} < \beta \leqslant \dfrac{\alpha}{2}$，那么

$$\langle AD, BC \rangle = \arccos \frac{|1 - \cos \alpha - \cos \beta|}{\sqrt{3 - 2\cos \alpha - 4\cos \beta}} \tag{17}$$

如果 $0 < \alpha < \pi, \beta > \dfrac{1}{2}\left|\alpha - \dfrac{\pi}{2}\right| + \dfrac{\pi}{4}$，那么问题有由公式(16)和(17)给出的两个解.

(维·切赫洛夫,《量子》1980 年第 12 期.)

共轭数

在本书中我们考察一系列问题,其中形如 $a + b\sqrt{d}$ 的数用它的共轭数 $a - b\sqrt{d}$ 来代换是有益的.

一、分母有理化和分子有理化

1.求和

$$\frac{1}{1+\sqrt{2}} + \frac{1}{\sqrt{2}+\sqrt{3}} + \cdots + \frac{1}{\sqrt{99}+\sqrt{100}}$$

分母有理化后把和式写成

$$(\sqrt{2}-1) + (\sqrt{3}-\sqrt{2}) + \cdots + (\sqrt{100}-\sqrt{99}) = -1 + 10 = 9$$

2.试证明:对于任意自然数 m 和 n,有

$$\left| \frac{m}{n} - \sqrt{2} \right| \geqslant \frac{1}{\alpha n^2} \tag{1}$$

这里 $\alpha = \sqrt{3} + \sqrt{2}$.

事实上,总是有

$$\left| \frac{m-n\sqrt{2}}{n} \right| = \frac{|m^2-2n^2|}{(m+n\sqrt{2})n} \geqslant \frac{1}{(m+n\sqrt{2})n} \tag{2}$$

因为数 $|m^2 - 2n^2|$ 是整数并且不等于 0(等式 $m^2 = 2n^2$ 是不可能的,请想一想,为什么!),如果成立式(1)的反向不等式,那么应该有

$$m < n\sqrt{2} + \frac{1}{\alpha n}$$

$$n(m+n\sqrt{2}) < n\left(2n\sqrt{2} + \frac{1}{\alpha n}\right) = 2n^2\sqrt{2} + \frac{1}{\sqrt{3}+\sqrt{2}}$$

$$= 2n^2\sqrt{2} + \sqrt{3} - \sqrt{2} \leqslant n^2(\sqrt{2}+\sqrt{3}) = \alpha n^2 \tag{3}$$

而由式(2)(3)得到式(1).这意味着,我们的假设是不成立的,即式(1)成立.

3.求数列 $a_n = (\sqrt{n^2+1} - n)n$ 的极限.

这样变换 a_n,即

$$(\sqrt{n^2+1} - n)n = \frac{n}{\sqrt{n^2+1}+n} = \frac{1}{1+\sqrt{1+\frac{1}{n^2}}}$$

显然,a_n 递减并且趋向于极限 $\frac{1}{2}$.

4(M532). 已知两个数列 $a_n = \sqrt{n+1} + \sqrt{n}$ 和 $b_n = \sqrt{4n+2}$. 试证明:

(1) $[a_n] = [b_n]$;

(2) $0 < b_n - a_n < \dfrac{1}{16n\sqrt{n}}$.

差 $b_n - a_n$ 呈现三重无理性. 我们还将会回到这样的无理性(见问题7), 现在我们暂且视 $\sqrt{n+1} + \sqrt{n} = a_n$ 为整数. 我们发现, 值 $a_n^2 = 2n+1+2\sqrt{n(n+1)}$ 显然介于 $4n+1$ 和 $4n+2 = b_n^2$ 之间, 因为 $n < \sqrt{n(n+1)} < n+1$. 这样, 我们就已经得到不等式(2)的左边了. 此外, 数 $b_n^2 = 4n+2$ 除以 4 的余数是 2, 它不能是完全平方(请验证!), 所以数 $[b_n]$ 的平方不大于 $4n+1$; 由不等式 $[b_n] \leqslant \sqrt{4n+1} < a_n < b_n$ 得到式(1). 现在剩下估计 $b_n - a_n$ 的上界. 请考察, 把分子变成它的共轭数两次, 即

$$\sqrt{4n+2} - \sqrt{n} - \sqrt{n+1}$$

$$= \frac{2n+1-2\sqrt{n(n+1)}}{\sqrt{4n+2} + \sqrt{n} + \sqrt{n+1}}$$

$$= \frac{1}{(\sqrt{4n+2} + \sqrt{n} + \sqrt{n+1})} \cdot \frac{1}{(2n+1+2\sqrt{n(n+1)})}$$

(这里利用了平方差 $(2n+1)^2 - 4n(n+1) = 1$)

$$\leqslant \frac{1}{(2\sqrt{n} + \sqrt{n} + \sqrt{n})(2n+2n)} = \frac{1}{16n\sqrt{n}}$$

二、用负号代替正号

我们在几何问题中已经讨论过对称的应用, 用负号代替正号是代数中的一种对称.

这样, 如果任一 $\sqrt{d}$ 的表达式等于 $p + q\sqrt{d}$, 并且我们在这个表达式中处处用 $-\sqrt{d}$ 代替 $\sqrt{d}$, 那么自然期待新的表达式等于共轭数 $p - q\sqrt{d}$. 我们将利用这个性质的特例(a 和 b 是有理数, $\sqrt{d}$ 不是)

$$(a + b\sqrt{d})^n = p + q\sqrt{d} \Rightarrow (a - b\sqrt{d})^n = p - q\sqrt{d} \tag{4}$$

5. 试证明: 方程

$$(x + y\sqrt{5})^4 + (z + t\sqrt{5})^4 = 2 + \sqrt{5}$$

没有有理数解 x, y, z, t.

我们能够分别求左边不包含 $\sqrt{5}$ 项的和(它应该等于 2), 以及 $\sqrt{5}$ 的系数(它应该等于 1). 但是我们不清楚得到的烦琐的方程究竟是什么样的. 取而代之的是利用式(4)并把 $\sqrt{5}$ 前的正号用负号代替, 则

$$(x - y\sqrt{5})^4 + (z - t\sqrt{5})^4 = 2 - \sqrt{5}$$

左边是非负数,右边是负数.

6.试证明:**存在无穷多对自然数数组** (x, y),**使得** x^2 **与** $2y^2$ **的差是** 1,**即**

$$|x^2 - 2y^2| = 1 \tag{5}$$

某些这样的不大的数对 (x, y) 容易选得:$(1,1)$,$(3,2)$,$(7,5)$,$(17,12)$,…(图1).那么这个数对的组成将怎样继续呢?能否对这些解写出一般的公式呢?

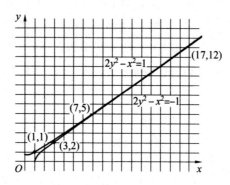

图 1   这条双曲线是否通过无穷个整数格点?

数 $1 + \sqrt{2}$ 能够帮助我们回答这些问题.允许得到越来越新的解答 (x, y) 的规律,如表1所示:

表 1

n	$(1+\sqrt{2})^n$	x_n	y_n	$x_n^2 - 2y_n^2$	$(1-\sqrt{2})^n$
1	$1+\sqrt{2}$	1	1	$1-2=-1$	$1-\sqrt{2}$
2	$3+2\sqrt{2}$	3	2	$9-8=1$	$3-2\sqrt{2}$
3	$7+5\sqrt{2}$	7	5	$49-50=-1$	$7-5\sqrt{2}$
4	$17+12\sqrt{2}$	17	12	$289-288=1$	$17-12\sqrt{2}$
5	$41+29\sqrt{2}$	41	29	$1\,681-1\,682=-1$	$41-29\sqrt{2}$
⋮	⋮	⋮	⋮	⋮	⋮

第 6 行将是什么?看来在数 $x_n + y_n\sqrt{2} = (1+\sqrt{2})^n$ 中的系数 x_n, y_n 将给出需要的数对.由共轭数表1(我们再次利用式(4))能够证明这点

$$x_n - y_n\sqrt{2} = (1-\sqrt{2})^n$$

最后两个等式相乘,得到

$$x_n^2 - 2y_n^2 = (1+\sqrt{2})^n(1-\sqrt{2})^n = [(1+\sqrt{2})(1-\sqrt{2})]^n = (-1)^n$$

并且使我们感兴趣的表达式轮流等于 1,−1.分别把这两个等式相加和相减,我们得到关于 x_n 和 y_n 的显式表达

$$x_n = \frac{(1+\sqrt{2})^n + (1-\sqrt{2})^n}{2}$$

$$y_n = \frac{(1+\sqrt{2})^n - (1-\sqrt{2})^n}{2\sqrt{2}}$$

三、依次改变所有的符号

7(M520). 设

$$(1+\sqrt{2}+\sqrt{3})^n = q_n + r_n\sqrt{2} + s_n\sqrt{3} + t_n\sqrt{6}$$

这里 q_n, r_n, s_n 和 t_n 是整数. 求极限 $\lim\limits_{n\to\infty}\dfrac{r_n}{q_n}, \lim\limits_{n\to\infty}\dfrac{s_n}{q_n}, \lim\limits_{n\to\infty}\dfrac{t_n}{q_n}$.

当然, 利用

$$q_{n+1} + r_{n+1}\sqrt{2} + s_{n+1}\sqrt{3} + t_{n+1}\sqrt{6}$$
$$= (1+\sqrt{2}+\sqrt{3})(q_n + r_n\sqrt{2} + s_n\sqrt{3} + t_n\sqrt{6})$$

我们能够通过 (q_n, r_n, s_n, t_n) 来表示 $(q_{n+1}, r_{n+1}, s_{n+1}, t_{n+1})$.

但是通过经验, 我们已经知道, 更简单的公式不是对于数 q_n, r_n, s_n, t_n 本身, 而是对于它们的某些组合得到的. 我们已经知道一个这样的组合

$$q_n + r_n\sqrt{2} + s_n\sqrt{3} + t_n\sqrt{6} = (1+\sqrt{2}+\sqrt{3})^n$$

不难设想, 其他的组合将是怎样的. 与已知的数 $\lambda_1 = 1+\sqrt{2}+\sqrt{3}$ 一起, 我们还将考察三个共轭的数: $\lambda_2 = 1-\sqrt{2}+\sqrt{3}, \lambda_3 = 1+\sqrt{2}-\sqrt{3}, \lambda_4 = 1-\sqrt{2}-\sqrt{3}$. 这时

$$q_n - r_n\sqrt{2} + s_n\sqrt{3} - t_n\sqrt{6} = \lambda_2^n$$
$$q_n + r_n\sqrt{2} - s_n\sqrt{3} - t_n\sqrt{6} = \lambda_3^n$$
$$q_n - r_n\sqrt{2} - s_n\sqrt{3} + t_n\sqrt{6} = \lambda_4^n$$

现在我们能够通过 $\lambda_1, \lambda_2, \lambda_3, \lambda_4$ 来表示 q_n, r_n, s_n, t_n, 即

$$q_n = \frac{\lambda_1^n + \lambda_2^n + \lambda_3^n + \lambda_4^n}{4}$$

$$r_n = \frac{\lambda_1^n - \lambda_2^n + \lambda_3^n - \lambda_4^n}{4\sqrt{2}}$$

$$s_n = \frac{\lambda_1^n + \lambda_2^n - \lambda_3^n - \lambda_4^n}{4\sqrt{3}}$$

$$t_n = \frac{\lambda_1^n - \lambda_2^n - \lambda_3^n + \lambda_4^n}{4\sqrt{6}}$$

现在指出, $\lambda_1 > |\lambda_2|, \lambda_1 > |\lambda_3|, \lambda_1 > |\lambda_4|$. 所以

$$\lim_{n\to\infty}\frac{r_n}{q_n} = \lim_{n\to\infty}\frac{1 - (\lambda_2/\lambda_1)^n + (\lambda_3/\lambda_1)^n - (\lambda_4/\lambda_1)^n}{1 + (\lambda_2/\lambda_1)^n + (\lambda_3/\lambda_1)^n + (\lambda_4/\lambda_1)^n} \cdot \frac{1}{\sqrt{2}} = \frac{1}{\sqrt{2}}$$

类似地, 我们得到

$$\lim_{n \to \infty} \frac{s_n}{q_n} = \frac{1}{\sqrt{3}}, \lim_{n \to \infty} \frac{t_n}{q_n} = \frac{1}{\sqrt{6}}$$

8. 写出整系数方程, 已知它的一个根等于 $1 + \sqrt{2} + \sqrt{3}$.

欲求的方程可以这样来写

$$(x - \lambda_1)(x - \lambda_2)(x - \lambda_3)(x - \lambda_4) = 0$$

其中 $\lambda_1 = 1 + \sqrt{2} + \sqrt{3}$, $\lambda_2, \lambda_3, \lambda_4$ 是它的共轭数, 也就是说

$$(x - 1 - \sqrt{2} - \sqrt{3})(x - 1 + \sqrt{2} - \sqrt{3})(x - 1 - \sqrt{2} + \sqrt{3})(x - 1 + \sqrt{2} + \sqrt{3}) = 0$$

经变换后我们得到

$$[(x-1)^2 - 5 - 2\sqrt{6}][(x-1)^2 - 5 + 2\sqrt{6}] = 0$$
$$(x^2 - 2x - 4)^2 - 24 = 0$$
$$x^4 - 4x^3 - 4x^2 + 16x - 8 = 0$$

34

练　习　题

1. 哪个数大: $\sqrt{1\,979} + \sqrt{1\,980}$ 或者 $\sqrt{1\,978} + \sqrt{1\,981}$?

2. 试证明: 对于所有正数 x 有

$$\left| \sqrt{x^2 + 1} - x - \frac{1}{2}x \right| < \frac{1}{8}x^3$$

3. 作函数 $y = \sqrt{x^2 - 1}$ 的图像并且证明, 对于 $|x| \geqslant 1$ 有

$$0 < |x| - \sqrt{x^2 - 1} \leqslant \frac{1}{|x|}$$

4. 在公式 $\sqrt{2} = 1 + \dfrac{1}{\sqrt{2}+1}$ 中, 右边(在分母中) 的 $\sqrt{2}$ 用下面的公式代替

$$\sqrt{2} = 1 + \cfrac{1}{2 + \cfrac{1}{\sqrt{2}+1}}$$

在这个公式中再用 $1 + \dfrac{1}{\sqrt{2}+1}$ 代替处于下面的 $\sqrt{2}$, 往复 n 次. 如果现在处于下面的根式用 1 或者 2 代替, 我们得到两个有理数 p_n, q_n. 试证明: $\sqrt{2}$ 处于它们之间, 并且

$$\lim p_n = \lim q_n = \sqrt{2}$$

5. 试证明: 方程$(1) x^2 - 3y^2 = 1$, $(2) x^2 - 3y^2 = 2$ 有无穷多组整数解.

6. 试证明: 函数 $y = \ln(\sqrt{1+x^2} + x)$ 是奇函数并作出它的图像.

7. (1) 试证明: 对于任意自然数 n 有

$$2(\sqrt{n+1}-1)<1+\frac{1}{\sqrt{2}}+\frac{1}{\sqrt{3}}+\cdots+\frac{1}{\sqrt{n}}<2\sqrt{n}-1$$

（2）试证明：数列

$$U_n=1+\frac{1}{\sqrt[4]{2^3}}+\frac{1}{\sqrt[4]{3^3}}+\cdots+\frac{1}{\sqrt[4]{n^3}}-4\sqrt[4]{n}$$

递减并且有极限.

8.试证明：对于任意不是完全平方数的自然数 d 得到这样的 α，使得对于任意的 m 和 n 满足

$$\left|\frac{m}{n}-\sqrt{d}\right|\geqslant\frac{1}{\alpha n^2}$$

9.试证明：对于任意自然数 n，数 $[(35+\sqrt{1\ 157})^n/2^n]$ 被 17 整除，更一般地，对于任意自然数 k 和 n，数 $[(2k+1+\sqrt{4k^2+1})^n/2^n]$ 被 k 整除.

10.试证明：对于任意数 $p>2$ 找得到这样的 β，使得对于每一个 n 满足

$$\underbrace{\sqrt{2+\sqrt{2+\cdots+\sqrt{2+\sqrt{2+p}}}}}_{n\text{层根号}}=\beta^{2^n}+\beta^{-2^n}$$

11.试证明：数列 $b_n=1+17m^2$ 包含无穷多个整数的平方.

12.求整系数二次方程，它的根之一等于 $\frac{3+\sqrt{5}}{4}$.

13.求以 $\pm\sqrt{p}\pm\sqrt{q}$ 为根的四次方程并作为双二次方程求解它. 比较答案与已知的根，试证明：对于二重根式的普及公式

$$\sqrt{A\pm\sqrt{B}}=\sqrt{\frac{A+\sqrt{A^2-B}}{2}}\pm\sqrt{\frac{A-\sqrt{A^2-B}}{2}}\quad(A^2\geqslant B>0,A>0)$$

14.分母有理化：

（1）$\dfrac{1}{1+\sqrt{2}+\sqrt{3}}$；（2）$\dfrac{1}{\sqrt{10}+\sqrt{14}+\sqrt{21}+\sqrt{15}}$.

（华西理也夫，《量子》1980 年第 2 期.）

❖这个方程有几个解?

下面是一道大学入学口试试题,初看起来,这道题很简单,题目是:方程 $\left(\dfrac{1}{16}\right)^x = \log_{\frac{1}{16}} x$ 有几个解?

因为方程 $\varphi(x) = \psi(x)$ 的解等价于求函数 $y = \varphi(x)$ 和 $y = \psi(x)$ 图像交点的横坐标. 考生作了函数 $y = \left(\dfrac{1}{16}\right)^x$ 和 $y = \log_{\frac{1}{16}} x$ 的图像(图1),并且说:

"这个方程有一个解. 根据对数的定义,函数 $y = \left(\dfrac{1}{16}\right)^x$ 和 $y = \log_{\frac{1}{16}} x$ 互为反函数,它们的图像关于直线 $y = x$ 对称,因此图像的交点在这条直线上. 也就是说,为了找到它,需要解方程 $\left(\dfrac{1}{16}\right)^x = x$. 但我不知道怎样来解它."

考官回答说:

"你不会解方程 $\left(\dfrac{1}{16}\right)^x = x$,这不是问题,我们不要求这个,它不能用初等方法求解. 问题在于,你遗漏了它的两个解: $x = \dfrac{1}{2}$ 和 $x = \dfrac{1}{4}$. 把这些值代入方程,请检验一下!"

事实上,写出 $\left(\dfrac{1}{16}\right)^{\frac{1}{2}} = \log_{\frac{1}{16}} \dfrac{1}{2}$ 和 $\left(\dfrac{1}{16}\right)^{\frac{1}{4}} = \log_{\frac{1}{16}} \dfrac{1}{4}$,考生发现,它们果真如此: $\left(\dfrac{1}{16}\right)^{\frac{1}{2}} = \log_{\frac{1}{16}} \dfrac{1}{2} = \dfrac{1}{4}$, $\left(\dfrac{1}{16}\right)^{\frac{1}{4}} = \log_{\frac{1}{16}} \dfrac{1}{4} = \dfrac{1}{2}$. 这样,他被"直观性"蒙骗了. 函数 $y = \left(\dfrac{1}{16}\right)^x$ 和 $y = \log_{\frac{1}{16}} x$ 的图像不仅相交于点 $P(b,b)$,还交于两点: $M\left(\dfrac{1}{4}, \dfrac{1}{2}\right)$ 和 $N\left(\dfrac{1}{2}, \dfrac{1}{4}\right)$,它们关于直线 $y = x$ 对称.

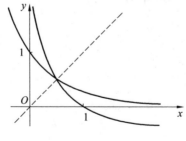

图 1

学生犯错的原因如下：他知道，若 $0 < a < 1$，函数 $y = \log_a x$ 的值当 x 趋近于零时无限增大，而函数 $y = a^x$ 当 $x = 0$ 时取值 1. 由此他得出结论，在区间 $(0, b)$ 中（b 是点 P 的横坐标），$a^x < \log_a x$，从而这些函数的图像除了点 P 以外没有其他的交点.

当 $a = \dfrac{1}{16}$ 时，两个被考察的函数图像如图 2 所示：在区间 $\left(0, \dfrac{1}{4}\right)$ 中，函数 $y = \log_{\frac{1}{16}} x$ 的图像在上方，在区间 $\left(\dfrac{1}{4}, b\right)$ 中，函数 $y = \left(\dfrac{1}{16}\right)^x$ 领先，在区间 $\left(b, \dfrac{1}{2}\right)$ 中，函数 $y = \log_{\frac{1}{16}} x$ 的图像再次超出，并且仅在区间 $\left[\dfrac{1}{2}, +\infty\right)$ 中，函数 $y = \left(\dfrac{1}{16}\right)^x$ 最终领先，在此区间中的每一点它的图像均位于函数 $y = \log_{\frac{1}{16}} x$ 图像的上方.

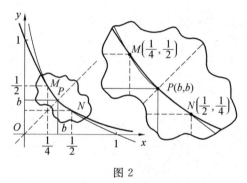

图 2

我们用导数研究本问题. 现在我们只对情况 $0 < a < 1$ 感兴趣. 记 $\ln a$ 为 $-k$（因为 $0 < a < 1$，$\ln a < 0$）. 这时函数 $y = a^x$ 和 $y = \log_a x$ 分别写成：$y = \mathrm{e}^{-kx}$ 和 $y = -\dfrac{\ln x}{k}$. 寻找它们图像的交点等价于求函数

$$F(x) = \mathrm{e}^{-kx} + \frac{\ln x}{k}$$

的图像与横坐标轴的交点，而这与研究函数 F 的递增和递减区间有关. 为此求导数

$$F'(x) = -k\mathrm{e}^{-kx} + \frac{1}{kx} = \frac{1 - k^2 x \mathrm{e}^{-kx}}{kx} \tag{1}$$

我们分三种情况来进行讨论.

情况一 $0 < k < \mathrm{e}$. 我们来证明，在这种情况下，对于所有的 $x > 0$，$F'(x) > 0$. 为此只要证明，函数 $1 - k^2 x \mathrm{e}^{-kx}$ 的最小值在 $x > 0$ 时是正的. 这个最小值使得 $(1 - k^2 x \mathrm{e}^{-kx})' = 0$，也就是说，$-k^2 \mathrm{e}^{-kx} + k^3 x \mathrm{e}^{-kx} = 0$ 的点能取到. 解

此方程后得到 $x=\dfrac{1}{k}$. 对于 x 的这一数值,式(1)中的分子等于 $1-ke^{-1}$,当 $k<$ e 时它是正的. 因为这个值最小,所以对于所有的 $x>0$,$F'(0)>0$.

由 $F'(x)>0$(当 $x>0$)得知,函数 F 在区间 $(0,+\infty)$ 中递增并且它的图像与横坐标轴仅相交一次(这个结论来自《代数和分析初步(十年级)》). 这样当 $0<k<e$ 时,函数 $y=e^{-kx}$ 和 $y=-\dfrac{\ln x}{k}$ 的图像仅相交一次,而此交点在直线 $y=x$ 上(如图 1 所示的那样).

情况二　$k>e$. 此种情况较复杂. 记 b 为 $y=e^{-kx}$ 与 $y=x$ 图像的交点. 在此点 $e^{-kb}=b=-\dfrac{\ln b}{k}$,于是 $kb=-\ln b$. 当 $x=\dfrac{1}{k}$ 时,函数 $e^{-kx}=\dfrac{1}{e}$,而函数 $y=x$ 取值 $\dfrac{1}{k}$,由于 $k>e$,函数 $y=e^{-kx}$ 与 $y=x$ 图像的交点的横坐标大于 $\dfrac{1}{k}$(见图 3),也就是说 $b>\dfrac{1}{k}$. 此时 $kb>1$,从而

$$F'(b)=\frac{1-k^2 b e^{-kb}}{kb}=\frac{1-k^2 b^2}{kb}<0$$

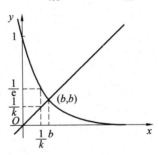

图 3

这意味着,当 $k>e$ 时,函数 F 的导数在点 $x=b$ 处是负的. 因为 $F(b)=0$,在 b 的左边找得到点,使 $F(x)>0$. 因为当 x 趋近零时 $F(x)$ 将变成负的,在 0 和 b 之间至少存在一点 c,使得 $F(x)=0$. 这证明了,当 $k>e$ 时,函数 $y=e^{-kx}$ 和 $y=-\dfrac{\ln x}{k}$ 的图像至少相交于一点,而这点不在直线 $y=x$ 上. 由两个图像关于直线 $y=x$ 对称得知,还存在一个交点. 可以证明,除了这三点以外两个图像没有其他的交点(证明与研究函数 F 的二阶导数有关).

这样,如果 $k>e$,所考察的图像恰有三个交点.

情况三　$k=e$. 在函数 e^{-kx} 和 $-\dfrac{\ln x}{k}$ 图像的交点 (b,b),我们有 $e^{-kb}=b$ 或者在我们的情况中有 $e^{-eb}=b$. 直接代入验证,数 $\dfrac{1}{e}$ 是方程 $e^{-kx}=x$ 的根. 因为函

数 e^{-ex} 递减（在整条直线上），而函数 x 递增，所以方程 $e^{-ex}=x$ 有不多于一个根. 也就是说，$b=\dfrac{1}{e}$. 容易验证 $F(b)=F'(b)=0$，所以函数 F 的图像当 $x=b=e^{-1}$ 时与横坐标轴相切.

在我们的情况中，$F(x)=e^{-ex}+\dfrac{1}{e}\ln x$. 所以

$$F'(x)=-e^{1-ex}+\dfrac{1}{ex}=\dfrac{e^{ex-2}-x}{x\,e^{ex-1}}$$

函数 $e^{ex-2}-x$ 的导数当 $x<b$ 时是负的，当 $x=b$ 时等于 0，且当 $x>b$ 时是正的. 所以函数 $e^{ex-2}-x$ 对于所有 $x\ne b$ 是正的. 也就是说，对于所有正的 $x\ne b$ 有 $F'(x)>0$. 所以，函数 F 的图像与横坐标轴相切于点 $x=b$，通过点 b 从负到正改变符号.

与之对应，函数 $y=e^{-ex}$ 和 $y=\dfrac{\ln x}{e}$ 的图像在它们的公共点 (e^{-1},e^{-1}) 彼此相切时"互相交错"（图 4）.

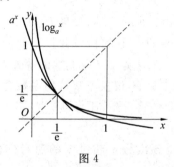

图 4

现在我们来总结一下：如果 $1>a\geqslant e^{-3}\approx\dfrac{1}{15.18}$，那么函数 $y=a^x$ 和 $y=\log_a x$ 的图像有一个交点；如 $e^{-e}>a>0$，有三个交点.

现在能够确信，函数 $y=\left(\dfrac{1}{15.5}\right)^x$ 和 $y=\log_{\frac{1}{15.5}}x$ 的图像有三个交点，而函数 $y=\left(\dfrac{1}{10}\right)^x$ 与 $y=\log_{\frac{1}{10}}x$ 的图像仅有一个交点.

（尼·维连京，《量子》1980 年第 1 期.）

❖可交换多项式

《量子》编者按

通常提供给中学生的问题,或者与新的结果紧密相关,或者涉及它们局部的细节,但是没有提供看到问题全貌的可能.原因或许在于数学的各部分是互相联系的,通常为了完整阐述,甚至是初等的问题都不得不吸取数学中非初等部分的思想.

本节讨论的关于可交换多项式的问题是一个幸运的例外.这里成功地利用初等数学的方法处理了一个有一般数学意义的问题.这个问题的初步结果是由土尔盖维奇提供给《量子》的,并作为征解问题 M455.本节是对该征解问题的补充和引申.

一、问题的提出

单变量多项式 P 和 Q 称为可变换的,如果 $P(Q(x))=Q(P(x))$.写出的多项式意味着,如果等式两边打开所有的括号并且合并同类项,那么得到一模一样的多项式.这等价于,对于任意实数 d 成立数的等式 $P(Q(d))=Q(P(d))$.

在《量子》征解问题 M455 中,仅仅考察首项系数为 1 的多项式;这样的多项式称为酉多项式.(下面我们将看到,任意可交换多项式的问题可以归结为首项系数等于 ± 1 的多项式)

(1) 对于任意数 α 找到次数不超过 3 的所有的多项式,它们与多项式 $P(x)=x^2-\alpha$ 是可交换的.

(2) 试证明:存在不多于一个的次数已知的多项式,它与已知的二次多项式 $P(x)$ 是可交换的.

(3) 求与已知二次多项式 $P(x)$ 可交换的所有的 4 次和 8 次多项式.

(4) 试证明:如果两个多项式 Q 和 R 与某个二次多项式 P 是可交换的,那么它们互相是可交换的.

(5) 试证明:存在彼此可交换的多项式的序列 $P_1,P_2,\cdots,P_k,\cdots$,这里多项式 P_k 的次数是 k,$P_2(x)=x^2-2$.

二、问题(1)～(4)的解答

(1) 设 $Q(x)=x^3+ax^2+bx+c$.写出等式 $P(Q(x))=Q(P(x))$

$$(x^3+ax^2+bx+c)^2-\alpha=(x^2-\alpha)^3+a(x^2-\alpha)^2+b(x^2-\alpha)+c$$

打开括号前我们发现,右边只有 x 的偶数次的项,而左边 x^5 的系数等于 $2a$.于是 $a=0$.但这时左边 x^3 的系数等于 $2c$,则 $c=0$.所以 $Q(x)=x^3+bx$.打开括

号并比较系数,我们得到方程组

$$\begin{cases} 2b = -3\alpha \\ b^2 = 3\alpha^2 + b \\ \alpha = \alpha^3 + b\alpha \end{cases}$$

设 $\alpha = 2\gamma$,这时 $b = -3\gamma$. 由第二个方程 $9\gamma^2 = 12\gamma^2 - 3\gamma$,得 $\gamma^2 - \gamma = 0$. 于是 $\gamma = 0$ 或者 $\gamma = 1$. 容易检验,这两个解都是合适的.

于是,与多项式 $P(x) = x^2 - \alpha$ 可交换的三次多项式,仅当 $\alpha = 0(P(x) = x^2, Q(x) = x^3)$ 和 $\alpha = 2(P(x) = x^2 - 2, Q(x) = x^3 - 3x)$ 时存在.

类似地,可证,如果 Q 的次数等于 2,那么 $Q = P$,而如果次数等于 1,那么 $Q(x) = x$.

(2) 设 $Q(x) = x^k + a_1 x^{k-1} + a_2 x^{k-2} + \cdots + a_{k-1} x + a_k, P(x) = x^2 + px + q$. 写出不等式

$$(x^k + a_1 x^{k-1} + \cdots + a_k)^2 + p(x^k + \cdots + a_k) + q - (x^2 + px + q)^k - a_1(x^2 + px + q)^{k-1} - \cdots - a_k = 0$$

令 $x^{2k}, x^{2k-1}, \cdots, x, x^0$ 的系数为零,我们得到关于 $a_1, a_2, \cdots, a_k, p, q$ 的方程组. 解这个方程组是困难的,甚至写出它都是相当困难的. 但是容易发现,x^{2k-1}, $x^{2k-2}, \cdots, x^k$ 的系数 $b_1, b_2, \cdots, b_k$ 有下列公式

$$b_1 = 2a_1 + R_1(p, q) = 0$$
$$b_2 = 2a_2 + R_2(p, q, a_1) = 0$$
$$\vdots$$
$$b_k = 2a_k + R_k(p, q, a_1, \cdots, a_{k-1}) = 0$$

这里 R_i 是 $p, q, a_1, \cdots, a_{i-1}$ 的某个代数表达式. 由第一个方程得,a_1 用 p 和 q 来表示;由第二个方程,a_2 由 p, q, a_1 表示,也就是说,由 p 和 q 表示;由第三个方程,a_3 由 p, q, a_1 和 a_2 表示,也就是说,由 p 和 q 表示,…… 这样我们看到,所有的系数 $a_1, \cdots, a_k$ 均可用 p 和 q 表示,即与 P 可交换的多项式 Q 的系数是由 p 和 q 单值表示的,这就是所要证明的.

容易证明,类似的讨论也能对任意多项式 P 进行,只要它的次数大于 1(而 Q 是酉多项式),于是问题(2)的论断对任意这样的多项式成立.

问题(2)是整个问题的关键. 由它容易得到问题(3)和(4)的结论.

(3) 我们来证明,多项式 $Q(x) = P(P(x))$ 与 P 是可交换的. 事实上,$Q(P(x)) = P(P(P(x))) = P(Q(x))$. 多项式 Q 的次数是 4,并且由(2)知它是唯一的与 P 可交换的这样次数的多项式. 类似地,可证,与 P 可交换的唯一的 8 次多项式是多项式 $R(x) = P(P(P(x)))$.

(4) 设 $S(x) = Q(R(x))$ 和 $T(x) = R(Q(x))$. 因为 P 与 Q 和 R 是可交换

的,所以 $P(S(x))=P(Q(R(x)))=Q(P(R(x)))=Q(R(P(x)))=S(P(x))$,于是 P 与多项式 S 是可交换的.类似地,可验证,P 与多项式 T 是可交换的.此外,显然 S 和 T 是次数相同的酉多项式(如果 Q 和 R 有次数 k 和 l,那么多项式 S 和 T 的次数都等于 kl).由(2)得,$S=T$,也就是说,$Q(R(x))=R(Q(x))$,这就是所要证明的.

如在问题(2)中那样,命题依然为真,如果 P 是任意次数大于 1 的多项式,而 Q 和 R 是酉多项式.

三、切比雪夫多项式.问题(5)的解答

问题(5)比其他的问题要复杂得多.我们用几种不同的方法来作它的解答.

方法一　设 $x=t+t^{-1}$.这时容易验证,x^k 有形式

$$x^k=(t+t^{-1})^k=(t^k+t^{-k})+a_1(t^{k-1}+t^{-(k-1)})+$$
$$a_2(t^{k-1}+t^{-(k-2)})+\cdots+a_{k-1}(t+t^{-1})+a_k$$

这里 $a_1,\cdots,a_k$ 是某些固定的数.由此对 k 用归纳法得到,t^k+t^{-k} 表示成形如

$$x^k+b_1x^{k-1}+\cdots+b_{k-1}x+b_k$$

这里 $b_1,b_2,\cdots,b_k$ 是某些固定的数.记多项式 $x^k+b_1x^{k-1}+\cdots+b_k$ 为 $P_k(x)$.根据定义 $P_k(t+t^{-1})=t^k+t^{-k}$,因此

$$P_k(P_l(t+t^{-1}))=P_k(t^l+t^{-l})=t^{kl}+t^{-kl}=P_{kl}(t+t^{-1})$$

于是,$P_k(P_l(x))=P_{kl}(x)=P_l(P_k(x))$,也就是说,多项式 P_k 中的任意两个是可以交换的.因为 $P_2(x)=x^2-2$,我们构造了欲求的多项式的序列.

方法二　我们引用借助于切比雪夫多项式 T_k 来获得多项式 P_k 的方法.我们将不给出这些多项式的直接定义,但是引用它们满足的关系式(并且它们是单值确定的)

$$T_k(\cos t)=\cos kt$$

能够证明,T_k 是 k 次多项式.容易验证,切比雪夫多项式是可交换的

$$T_k(T_m(x))=T_{km}(x)=T_m(T_k(x))$$

事情归结为,$\cos k(mt)=\cos kmt=\cos m(kt)$.但是 T_k 不是酉多项式:它的最高次项系数等于 2^{k-1}.这个缺点是可以克服的:通过自变量的代换把多项式的值"拉长"到 2 倍,即令 $P_k(x)=2T_k\left(\dfrac{x}{2}\right)$.经过这个处理后可交换性没有被破坏(请检验这点!).出现在各种分析问题中(特别是用多项式逼近函数的理论中),著名的切比雪夫多项式的序列原来是可交换多项式的序列.土尔盖维奇正是用这种方法构造了序列 P_k.

上面叙述的两种方法基于同一个思想.设存在某函数 f,它取无限个值并

且对于任意自然数 n，$f(nt) = Q_n(f(t))$，这里 Q_n 是多项式. 这时多项式 Q_m 和 Q_n 是可交换的. 例如，如果 $f(t) = e^t$，那么得到一系列可交换多项式 $F_n(x) = x^n$. 如果 $f(t) = e^t + e^{-t}$，那么得到多项式 P_n（这正是我们构造多项式 P_n 的第一种方法，只不过这里 t 换成了 e^t）. 如果 $f(t) = \cos t$，那么得到一系列多项式 T_n（知道复数及公式 $\cos \varphi = (e^{i\varphi} + e^{-i\varphi})/2$ 者，不难找到解释，为什么 $e^t + e^{-t}$ 和 $\cos t$ 实质上导致同一个多项式序列）.

上面所述的两个解法是很漂亮的，但是有一点并不能完全明白，怎样才能够想出它们. 我们再作一个解答，虽然它不够简短，但是此解法将明白地给出怎样想出它，并且怎样迅速地写出多项式 P_n.

方法三　如在问题（2）中得到的那样，与 $P_2(x) = x^2 - 2$ 可交换的 k 次多项式 P_k 仅存在一个. 我们写出这样的多项式的前几个

$$P_1(x) = x$$
$$P_2(x) = x^2 - 2$$
$$P_3(x) = x^3 - 3x$$
$$P_4(x) = x^4 - 4x^2 + 2$$
$$P_5(x) = x^5 - 5x^3 + 5x$$
$$P_6(x) = x^6 - 6x^4 + 9x^2 - 2$$

这里 $P_4(x) = P_2(P_2(x))$，$P_6(x) = P_2(P_3(x))$，$P_5(x)$ 如在问题（1）中那样找到. 考察这个多项式的序列后能够发现，它满足递推公式 $P_{k+1}(x) = xP_k(x) - P_{k-1}(x)$. 假设，这个公式对所有的 $k > 1$ 成立.

这样，设 $P_1(x) = x$，$P_2(x) = x^2 - 2$，而对于 $k > 1$，$P_{k+1}(x) = xP_k(x) - P_{k-1}(x)$，我们用归纳法确定多项式的序列 $P_1, P_2, \cdots, P_n$.

我们来证明，所有多项式 P_k 与多项式 P_2 是可交换的；这时它们全都是互相可交换的（问题（1））.

用归纳法证明. 显然，多项式 P_1 和 P_2 都与 P_2 是可交换的. 假设，所有的多项式 $P_1, P_2, \cdots, P_k$ 与 P_2 都是可交换的，我们来证明，多项式 P_{k+1} 与 P_2 是可交换的.

我们需要证明

$$P_{k+1}(x^2 - 2) = (P_{k+1}(x))^2 - 2$$

把关于 P_{k+1} 的递推公式代入这个等式，将它改写成

$$(x^2 - 2)P_k(x^2 - 2) - P_{k-1}(x^2 - 2) = (xP_k(x) - P_{k-1}(x))^2 - 2$$

现在我们利用归纳假设

$$(x^2 - 2)(P_k(x)^2 - 2) - (P_{k-1}(x))^2 - 2) = (xP_k(x) - P_{k-1}(x))^2 - 2$$

打开括号后合并同类项，得

$$-2(P_k(x)^2 - xP_k(x)P_{k-1}(x) + P_{k-1}(x)^2) = 2x^2 - 8$$

或者

$$P_k(x)^2 - xP_k(x)P_{k-1}(x) + P_{k-1}(x)^2 = 4 - x^2 \qquad (*)$$

记式$(*)$的左边为$S_k(x)$. 我们剩下证明, $S_k(x)$不依赖于k(并等于$4-x^2$). 事实上, 设$k > 2$, 这时

$$\begin{aligned}
S_k(x) &= P_k(x)^2 - xP_k(x)P_{k-1}(x) + P_{k-1}(x)^2 \\
&= P_k(x)[P_k(x) - xP_{k-1}(x)] + P_{k-1}(x)^2 \\
&= -P_k(x)P_{k-2}(x) + P_{k-1}(x)^2 \\
&= P_{k-2}(x)^2 - xP_{k-1}(x)P_{k-2}(x) + P_{k-1}(x)^2 \\
&= S_{k-1}(x)
\end{aligned}$$

即$S_k(x) = S_{k-1}(x)$. 因为对于所有的$x \geq 2, S_2(x) = 4 - x^2, S_k(x) = 4 - x^2$. 这样, 我们就证明了, 对于任意的$k, P_k$与$P_2$是可交换的.

四、关于可交换多项式的问题

我们讨论下列的一般问题: 描述所有的可交换的(不一定是酉的)多项式, 对于P和Q.

问题 1 试证明: 两个一次多项式P和Q是可交换的, 当且仅当$P(x) = x + \alpha, Q(x) = x + \beta$, 或者存在$x_0$, 使得$P(x_0) = Q(x_0) = x_0$(共同的不动点).

问题 2 对于多项式P和Q之一的次数大于1的情况, 求解一般的问题.

以下, 我们设多项式P和Q的次数大于1.

设$P(x) = a_0 x^k + a_1 x^{k-1} + \cdots + a_{k-1} x + a_k, Q(x) = b_0 x^e + \cdots + b_{e-1} x + b_e$. 首先我们来证明, 能够把一般问题归结为系数$a_1$和$b_1$等于0的情况(这一类型的多项式称为约化多项式). 为此利用下列运算. 固定数a并且借助它从每一个多项式R按公式

$$R^{(a)}(x) = R(x - a) + a$$

构造新的"移动"多项式$R^{(a)}$. 显然, 多项式R可由多项式$R^{(a)}$重建

$$R(x) = R^{(a)}(x + a) - a$$

问题 3 (1)试证明: 如果多项式P和Q是可交换的, 那么$P^{(a)}$和$Q^{(a)}$也是可交换的.

(2)试证明: 任意一对次数大于1的可交换多项式P和Q有形式$P = S^{(a)}$, $Q = T^{(a)}$, 这里a是某一个数, 而S和T是可交换的约化多项式.

以下我们设, 多项式P和Q是约化多项式. 此外我们设, 它们是酉多项式, 即首项系数等于1. 显然这是最重要的特例. 另外, 类似于上面的讨论指出, 能够把一般的问题归结为多项式P和Q的首项系数等于± 1的情况, 于是这种特例与一般情况的区别不是很大(在这些讨论中应该利用"拉长"运算: 每一个多

项式 R 按公式 $R\xi^\lambda\zeta(x)=\lambda R(x/\lambda)$ 有伴随多项式 $R\{\lambda\})$. 我们来描述某些可交换多项式的系列:

1. 设 R 是 r 次多项式. 考察多项式系列 $P_0(x)=x,P_1(x)=R(x),P_2(x)=R(R(x)),P_3=R(R(R(x)))$(一般地, $P_{i+1}(x)=P_i(R(x))$).

显然,所有的多项式 P_i 是可交换的,并且多项式 P_i 的次数等于 r^i.

2. 多项式系列 $F_k(x)=x^k$. 所有的多项式 F_k 是可交换的,并且多项式 F_k 的次数等于 k.

3. $\{P_k\}$ 为问题 M455(5) 的解答中构造的多项式系列. 这些多项式由条件 $P_k(t+t^{-1})=t^k+t^{-k}$ 来确定. 多项式 P_k 的次数等于 k.

4. 按这样的条件确定多项式的系列 $H_1,H_3,H_5,\cdots:H_k(t-t^{-1})=t^k-t^{-k}$($k$ 是奇数). 容易验证,这些多项式存在并且被写出的条件单值确定. 所有这些多项式是可交换的并且多项式 H_k 的次数等于 k.

事实上,例子 3 和 4 是更一般例子的特例. 为了描这个一般的例子,作一个关于多项式系数的备注. 至今,我们认为,这些系数是实数. 但是在大多数的代数问题中,处理复数会更好. 所以试考虑,我们的多项式的系数能够是任意的复数.

5. 固定自然数 m 和这样的复数 λ,使得 $\lambda^m=1$(对于每一个 m 存在 $m-1$ 个不同于 1 的数).

考察这样的数对 (u,v),使得 $u\cdot v=\lambda$ 并令 $x=u+v$. 容易验证, $u^k+v^k=x^k+a_1x^{k-1}+\cdots+a_k$, 这里 $a_1,\cdots,a_k$ 是依赖于 λ 的某些数. 令 $P_k(x)=x^k+a_1x^{k-1}+\cdots+a_k$;多项式 P_k 用这样的条件描述: $P_k(u+v)=u^k+v^k$, 如果 $uv=\lambda$.

设数 l 除以 m 的余数是 1. 这时 $u^lv^l=(uv)^l=\lambda^l=\lambda$, 于是 $P_k(u^l+v^l)=u^{kl}+v^{kl}$. 这样,如果 k 和 l 除以 m 的余数是 1,那么 $P_k(P_l(u+v))=u^{kl}+v^{kl}=P_l(P_k(u+v))$, 也就是说,多项式 P_k 和 P_l 是可交换的. 我们对每个 λ 构造了可交换多项式的系列 $P_1,P_{m+1},P_{2m+1},\cdots$, 所有这些多项式都是酉多项式,约化多项式,并且 P_k 的次数等于 k.

对于 $m=1,\lambda=1$ 我们得到例 3,对于 $m=2,\lambda=-1$ 得到例 4.

例子 1~5 吸取了所有已知的已交换多项式的例子,于是能够提出猜想,如果 P 和 Q 是可交换的酉多项式和约化多项式,并且它们的次数大于 1,以复数为系数,那么它们属于在例子 1,2,5 中构造的系列之一.

能够不解一般的问题而尝试回答某些独特的问题:

1. 对于怎样的 α 多项式 $P(x)=x^2-\alpha$ 与任意奇数次多项式是可交换的.

2. 设 P 是次数大于 1 的酉多项式. 取与 P 可交换的所有酉多项式 Q 的次

数.这时在自然数中能够得到怎样的子集?

例如,在例子 1 中这是等比数列;在例子 5 中是等差数列.

3.设 P,Q 是次数为 k 和 l 的可交换的酉多项式.设 l 被 k 整除.下列命题是否为真:Q 有形式 $Q(x)=P(R(x))$,这里 R 是与 P 可交换的酉多项式?

能够提出更一般的问题,求所有的可交换的有理函数 P 和 Q.在这种情况下出现了许多新的有趣的例子.

对于多项式问题(5)的解答中,我们所讨论的一般的方法在这里也是适用的.设存在函数 f(取无限个值),使得

$$f(nt)=P_n(f(t))$$

这里 P_n 是有理函数.这时对于不同的 n 和 m,函数 P_n 和 P_m 是可交换的.

由此产生了一个有趣的问题:对于怎样的函数 f 能够对任意 n 选择这样的有理函数 P_n,使得 $P_n(f(t))=f(nt)$.例如,容易验证,函数 $f(t)=\tan t$ 满足这个条件.

能够利用椭圆函数理论构造函数 f 的其他例子.因为这不是初等的理论,所以我们就不在这里描述相应的构造了.

所有这些例子表明,描述可交换多项式的问题(以及更一般的可交换有理函数问题)是与非常深刻和漂亮的数学理论直接相关的.看来这个问题的解决将会发现某些新的早先未知的事实.简而言之,这个问题是值得研究的.

(依・扬塔罗夫,《量子》1979 年第 4 期.)

❖错在哪里?

问题　直平行六面体底面的面积等于1,而对角线之长等于2.求它的侧面积的最大值.

记底面边长为 a 和 b,侧棱长为 c.这时侧面积 Q 等于 $2(a+b)c$.于是,为了解题需要求下面表达式的最大值

$$Q = 2(a+b)c \tag{1}$$

由题设条件知,a,b 和 c 之间成立关系式

$$\begin{cases} ab = 1 & (2) \\ a^2 + b^2 + c^2 = 4 & (3) \end{cases}$$

把表达式(1)写成一个变量的函数.

解法一　由式(2)知,$b = \dfrac{1}{a}$.这时由式(3)知,$c = \sqrt{4 - a^2 - \dfrac{1}{a^2}}$.也就是说,所要求最大值的函数有形式

$$Q(a) = 2\left(a + \frac{1}{a}\right)\sqrt{4 - a^2 - \frac{1}{a^2}} \tag{4}$$

求它的导数并变换后,得

$$Q'(a) = -\frac{4(a-1)(a+1)(a^4 - a^2 + 1)}{a^2\sqrt{-a^4 + 4a^2 - 1}}$$

函数 $Q(a)$ 的定义域是集合

$$\left[-\sqrt{2+\sqrt{3}}, -\sqrt{2-\sqrt{3}}\right] \bigcup \left[\sqrt{2-\sqrt{3}}, \sqrt{2+\sqrt{3}}\right]$$

根据记号的意义 $a > 0$.这样,需要在区间 $\left[\sqrt{2-\sqrt{3}}, \sqrt{2+\sqrt{3}}\right]$ 上求函数(4)的最大值.用通常的方法得到

$$Q_{\max}(a) = Q(1) = 4\sqrt{2}$$

解法二　由式(2)(3)容易得到

$$(a+b)^2 + c^2 = 6 \tag{5}$$

或者

$$a + b = \sqrt{6 - c^2} \tag{6}$$

由式(1)(6)得

$$Q(c) = 2c\sqrt{6 - c^2} \tag{7}$$

求导数

$$Q'(c) = \frac{6 - 2c^2}{\sqrt{6 - c^2}}$$

函数 $Q(c)$ 的定义域是区间 $[-\sqrt{6}, \sqrt{6}]$. 按记号的意义 $c > 0$. 所以需求函数 (7) 在区间 $[0, \sqrt{6}]$ 上的最大值. 用通常的方法得到

$$Q_{\max}(c) = Q(\sqrt{3}) = 6$$

看来, 用不同的变量表示目标函数 (1), 我们得到不同的结果.

请解释, 究竟是怎么回事?

(雷日克, 《量子》, 1979 年第 3 期.)

❖两个点系的重心之间的距离

考察由在空间中任意分布的 n 个点 $A_1, A_2, \cdots, A_n$ 构成的系统. 而点系中的部分(或者甚至所有的)点是允许重合的. 点的次序是没有区别的.

点 O 称为点 $A_1, \cdots, A_n$ 系统的重心, 如果它使得下列向量等式成立

$$\overrightarrow{OA_1} + \overrightarrow{OA_2} + \cdots + \overrightarrow{OA_n} = \sum_{i=1}^{n} \overrightarrow{OA_i} = \mathbf{0} \tag{1}$$

从这个定义不能直接得到重心是存在的. 所以我们要证明, 每一个点系有重心并且是唯一的.

在空间中取点系 $A_1, A_2, \cdots, A_n$, 取任意的点 M 作为各向量的起点, 并且还取某一点 O(图 1). 这时能够写成

$$\overrightarrow{OA_1} = \overrightarrow{MA_1} - \overrightarrow{MO}$$
$$\overrightarrow{OA_2} = \overrightarrow{MA_2} - \overrightarrow{MO}$$
$$\vdots$$
$$\overrightarrow{OA_n} = \overrightarrow{MA_n} - \overrightarrow{MO}$$

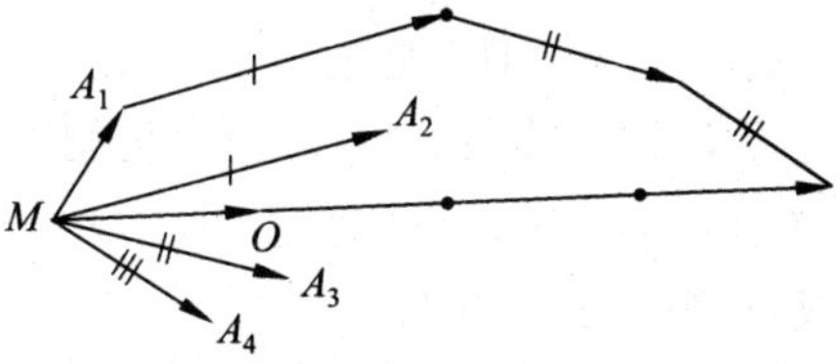

图 1

设点 O 是该点系的重心. 把得到的这些等式逐项相加, 考虑到式(1) 得到

$$\mathbf{0} = \overrightarrow{MA_1} + \overrightarrow{MA_2} + \cdots + \overrightarrow{MA_n} - n \cdot \overrightarrow{MO}$$

由此得到

$$\overrightarrow{MO} = \frac{1}{n}(\overrightarrow{MA_1} + \overrightarrow{MA_2} + \cdots + \overrightarrow{MA_n}) = \frac{1}{n}\sum_{i=1}^{n} \overrightarrow{MA_i} \tag{2}$$

按相反的次序作运算, 我们容易确认, 由等式(2) 定义的点 O 满足关系式(1), 就是说点 O 是重心. 这样, 重心的存在性得证. 剩下证明唯一性. 事实上, 取异于 O 的点 O'. 这时

$$\overrightarrow{O'A_1} = \overrightarrow{O'O} + \overrightarrow{OA_1}, \cdots, \overrightarrow{O'A_n} = \overrightarrow{O'O} + \overrightarrow{OA_n}$$

把这些等式相加并考虑到式(1), 我们得到

$$\overrightarrow{O'A_1} + \cdots + \overrightarrow{O'A_n} = n \cdot \overrightarrow{OO'}$$

因为点 O' 异于点 O, 所以 $\overrightarrow{O'O} \neq \mathbf{0}, n \cdot \overrightarrow{O'O} \neq \mathbf{0}$, 也就是说

$$\overrightarrow{O'A_1} + \cdots + \overrightarrow{O'A_n} \neq \mathbf{0}$$

于是,异于 O 的任何点 O' 不是点系 $A_1,\cdots,A_n$ 的重心.这就完成了 n 个点组成的点系重心的存在性和唯一性的证明.此外,还指出了求作重心的方法(见式(2)).

我们来证明下列命题.

定理1　设 O_1 是点系 $A_1,\cdots,A_m$ 的重心,O_2 是点系 $B_1,\cdots,B_n$ 的重心.这时所有 $m+n$ 个点 $A_1,\cdots,A_m,B_1,\cdots,B_n$ 的点系的重心 O 位于线段 O_1O_2 之上,并且满足条件 $O_1O:OO_2 = n:m$(图2).

证明　对于在线段 O_1O_2 上并且满足条件 $O_1O:OO_2 = n:m$ 的点 O,我们有
$$m\,\overrightarrow{OO_1} + n\,\overrightarrow{OO_2} = \mathbf{0} \tag{3}$$

我们来确认,点 O 是所有 $m+n$ 个点组成的点系的重心.事实上,因为 O_1 是点系 $A_1,\cdots,A_m$ 的重心,那么根据式(2),有
$$\overrightarrow{OA_1} + \overrightarrow{OA_2} + \cdots + \overrightarrow{OA_m} - m\cdot\overrightarrow{OO_1} = \mathbf{0} \tag{4}$$

类似地,由于 O_2 是点系 $B_1,\cdots,B_n$ 的重心,得到
$$\overrightarrow{OB_1} + \overrightarrow{OB_2} + \cdots + \overrightarrow{OB_n} - n\cdot\overrightarrow{OO_2} = \mathbf{0} \tag{5}$$

式(3)(4)(5)逐项相加,得
$$\overrightarrow{OA_1} + \cdots + \overrightarrow{OA_m} + \overrightarrow{OB_1} + \cdots + \overrightarrow{OB_n} = \mathbf{0}$$

而这意味着,O 是点系 $A_1,\cdots,A_m,B_1,\cdots,B_n$ 的重心.

推论　设 $A_1,\cdots,A_m$ 是某个点系且 k 是某个小于 m 的自然数.从点 $A_1,\cdots,A_m$ 中取任意 k 个点,并且设 O' 是它们的重心,而 O'' 是剩下的 $m-k$ 个点的重心.这时所有这样得到的线段 $O'O''$(C_m^k 条)通过一点 O(点系 $A_1,\cdots,A_m$ 的重心),并且在这一点被分成比例 $(m-k):k$.

从已经证明的定理和这个推论能够得到一系列结论.首先由定理1,当 $m=n=1$ 时得到,A,B 两点的重心与联结它们的线段的中点重合.又当 $m=2,n=1$ 时,由定理1知,A_1,A_2,B 三点的重心 O 在联结线段 A_1A_2 的中点 D 与点 B 的线段上,并且 $DO:OB = 1:2$.由此特别地,如果点 A_1,A_2,B 不共线,那么这个点系的重心与 $\triangle A_1A_2B$ 的中线的交点重合(见图2,这个点称为三角形的重心).

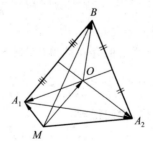

图2

对于四个点的情况($m=3,n=1$)我们得到下列结论:设 A,B,C,D 四点中任意三点不共线,且联结这些点中的每一点为与其他三点为顶点的三角形的重心,这时这四条线段相交于一点 O,并且在点 O 被分割成比例 $3:1$. 还有三条线段通过这个点 O,它们是:这四点中任两点为端点的线段的中点与其他两点为端点的线段的中点的连线.

我们指出,这些命题不仅对在平面上的四点成立,而且对在空间中的四点也成立. 特别地,从它们中还可以得到,四边形的两条中位线与联结对角线中点的线段相交于一点 O,它是所有三条线段的公共中点. 而对于空间中的点也能作这样的简述:联结四面体各顶点与所对的面的重心的线段相交于一点 O(所谓的四面体的重心),并且在该点被分割成比例 $3:1$(从顶点开始算起);通过这点 O 的还有三条线段:它们联结对棱中点,并且 O 是这三条线段的公共中点.

我们提出五个点的情况.

设 A,B,C,D,E 是这样的五点,它们中的任意四点不共面. 联结每一点与以其余四点为顶点的四面体的重心,得到相交于一点 O 的五条线段;通过这点的还有十条线段,其中每一条联结以两点为端点的线段的中点与以其余三点为顶点的三角形的重心.

拉格朗日公式

设 O 是点 $A_1,\cdots,A_m$ 的点系的重心,并且 M 是任意一点. 这时如上面我们看到过的那样,成立关系式(2). 取向量的平方,我们得

$$|\overrightarrow{MO}|^2 = \frac{1}{m^2}(\overrightarrow{MA_1}+\cdots+\overrightarrow{MA_m})^2$$

$$= \frac{1}{m^2}\Big[|\overrightarrow{MA_1}|^2+\cdots+|\overrightarrow{MA_m}|^2+2\sum_{i<j}\overrightarrow{MA_i}\cdot\overrightarrow{MA_j}\Big] \quad (6)$$

但是

$$2\overrightarrow{MA_i}\cdot\overrightarrow{MA_j} = |\overrightarrow{MA_i}|^2+|\overrightarrow{MA_j}|^2-(\overrightarrow{MA_i}-\overrightarrow{MA_j})^2$$
$$= |\overrightarrow{MA_i}|^2+|\overrightarrow{MA_j}|^2-|\overrightarrow{A_iA_j}|^2$$

对所有的 $i,j(i<j)$ 将这些关系式相加,得

$$2\sum_{i<j}\overrightarrow{MA_i}\cdot\overrightarrow{MA_j} = (m-1)(|\overrightarrow{MA_1}|^2+\cdots+|\overrightarrow{MA_m}|^2)-\sum_{i<j}|\overrightarrow{A_iA_j}|^2$$
$$(6')$$

把式($6'$)代入关系式(6),得到(经化简后)

$$|\overrightarrow{MO}|^2 = \frac{1}{m}(|\overrightarrow{MA_1}|^2+\cdots+|\overrightarrow{MA_m}|^2)-\frac{1}{m^2}\sum_{i<j}|\overrightarrow{A_iA_j}|^2 \quad (7)$$

关系式(7)是著名的拉格朗日公式,它用点 M 到点 A_i 的距离的平方,以及距离 $|A_iA_j|$ 的平方来表示点 M 到点系 $A_1,\cdots,A_m$ 的重心距离的平方.

❖ 重心之间的距离

已知两个点系 $A_1, \cdots, A_m$ 和 $B_1, \cdots, B_n$. 我们来计算这两个点系的重心 O_1 和 O_2 之间的距离, 假定已知第一个点系的点之间的所有距离和第二个点系的点之间的所有距离, 以及一个点系的每一点到另一个点系的每一点的距离.

引入记号

$$| A_i A_j | = a_{ij}, \quad | B_s B_t | = b_{st}, \quad | A_p A_q | = c_{pq}$$

则

$$d^2 = | O_1 O_2 |^2 = \frac{1}{n}(| O_1 B_1 |^2 + \cdots + | O_1 B_n |^2) - \frac{1}{n^2} \sum_{s<t} b_{st}^2 \tag{1}$$

$$| O_1 B_k |^2 = \frac{1}{m}(| A_1 B_k |^2 + \cdots + | A_m B_k |^2) - \frac{1}{m^2} \sum_{i<j} a_{ij}^2 \tag{1'}$$

(这里 k 是数 $1, 2, \cdots, n$ 中的任意一个). 把关系式 $(1')$ 代入公式 (1), 最后得到 (经化简)

$$d^2 = | O_1 O_2 |^2 = \frac{1}{mn} \sum_{p,q} c_{pq}^2 - \frac{1}{m^2} \sum_{i<j} a_{ij}^2 - \frac{1}{n^2} \sum_{s<t} b_{st}^2 \tag{2}$$

按这个公式可计算在一般情况下两个点系重心之间的距离.

例子

1. 已知 $\triangle A_1 B_1 B_2$. 由点 A_1 构成的点系的重心 O_1 与 A_1 重合, 点系 B_1, B_2 的重心与 $| B_1 B_2 |$ 的中点重合(图 1). 在这种情况下, $| O_1 O_2 |$ 是 $\triangle A_1 B_1 B_2$ 的中线. 故我们有

$$d^2 = \frac{1}{2}(| A_1 B_1 |^2 + | A_1 B_2 |^2) - \frac{1}{4} | B_1 B_2 |^2$$

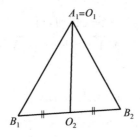

图 1

2. 已知四边形 $A_1 A_2 B_1 B_2$. 点系 A_1, A_2 的重心 O_1 与线段 $A_1 A_2$ 的中点重合, 点系 B_1, B_2 的重心 O_2 与线段 $B_1 B_2$ 的中点重合(图 2).

利用公式(2),有

$$d^2 = \frac{1}{4}(\mid A_1B_1 \mid^2 + \mid A_1B_2 \mid^2 + \mid A_2B_1 \mid^2 +$$

$$\mid A_2B_2 \mid^2 - \mid A_1A_2 \mid^2 - \mid B_1B_2 \mid^2) \qquad (3)$$

这个公式用四边形的边和对角线来表示对边中点的距离的平方,它是著名的欧拉公式.这里四边形的形式是任意的,它可以是凸的,自相交的,非平面的.

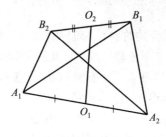

图 2

如果线段 A_1A_2 与 B_1B_2 的重心重合,那么四边形是平行四边形,而我们将得到著名的平行四边形的边与对角线之间的关系.由公式(3)得(因为 $d^2 \geqslant 0$)

$$\mid A_1B_1 \mid^2 + \mid A_1B_2 \mid^2 + \mid A_2B_1 \mid^2 + \mid A_2B_2 \mid^2$$

$$\geqslant \mid A_1A_2 \mid^2 + \mid B_1B_2 \mid^2$$

也就是说,四边形所有边的平方和总不小于它对角线的平方和.等式成立仅当 $d = 0$,即当且仅当四边形 $A_1A_2B_1B_2$ 是平行四边形.

3.求点 A_1 到点系 B_1, B_2, B_3 重心的距离(图3).在这种情况下,我们有

$$d^2 = \frac{1}{3}(\mid A_1B_1 \mid^2 + \mid A_1B_2 \mid^2 + \mid A_1B_3 \mid^3) -$$

$$\frac{1}{9}(\mid B_1B_2 \mid^2 + \mid B_2B_3 \mid^2 + \mid B_1B_3 \mid^2)$$

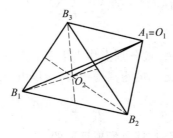

图 3

这个关系式用四面体 $A_1B_1B_2B_3$ 棱的平方来表示顶点 A_1 到所对的面 $B_1B_2B_3$ 的重心的距离,它是著名的莱布尼茨公式.特别地,这四点能够共面或者共线.

练　习　题

1.试证明:正多边形外接圆上任意一点到这个多边形各顶点距离的平方和是一个常量.

2.试证明:正 n 边形的所有边和所有对角线的平方和等于 n^2R^2,这里 R 是多边形外接圆的半径.

3.$\triangle ABC$ 和 $\triangle A_1B_1C_1$ 有公共的重心.试证明:和 $AA_1^2 + AB_1^2 + AC_1^2 + BA_1^2 + BB_1^2 + BC_1^2 + CA_1^2 + CB_1^2 + CC_1^2$ 不依赖于两个已知三角形在空间中的相互位置.

4.已知 $\triangle ABC$ 和圆 ω.试证明:对于圆 ω 的任意两个对径点 P 和 Q,和 $PA^2 + PB^2 + PC^2 + QA^2 + QB^2 + QC^2$ 保持常量.

5.在圆上给定 n 个点,通过每 $n-2$ 个点的重心作一条直线,使它垂直于通过其余两点的直线.试证明:C_n^2 条所作的直线相交于一点(该点系的重心).

当已知 n 个点属于同一个球面时,叙述并证明类似的问题.

答案和提示

1.取正 n 边形 $A_1A_2\cdots A_n$ 的各顶点作为第1个点系,而取在圆上的点 M 作为第2个点系.第1个点系的重心是多边形外接圆的圆心 O,而第2个点系的重心是点 M 本身.利用公式(2),得到

$$|OM|^2 = \frac{1}{n}\sum_{i=1}^{n}|MA_i|^2 - \frac{1}{n^2}\sum_{i<j}|A_iA_j|^2$$

这里 $|OM| = R$ 是外接圆的半径.由此,得

$$\sum_{i=1}^{n}|MA_i|^2 = nR^2 + \frac{1}{n}\sum_{i<j}|A_iA_j|^2$$

这就是所要证明的.

2.取正 n 边形 $A_1A_2\cdots A_n$ 的各顶点作为第1个点系,而它的外接圆的圆心作为第2个点系.因为重心之间的距离等于零,所以由公式(2),有

$$0 = \frac{1}{n}\cdot nR^2 - \frac{1}{n^2}\sum_{i<j}|A_iA_j|^2$$

由此得 $\sum_{i<j}|A_iA_j|^2 = n^2R^2$,这就是所要证明的.

3.两个点系 A,B,C 和 A_1,B_1,C_1 的重心之间的距离等于零.所以题断直接由公式(2)得出

$$0 = \frac{1}{9}(|AA_1|^2 + |AB_1|^2 + |AC_1|^2 + \cdots + |CA_1|^2 + |CB_1|^2 + |CC_1|^2) -$$

$$\frac{1}{9}(\mid AB\mid^2+\mid BC\mid^2+\mid CA\mid^2)-\frac{1}{9}(\mid A_1B_1\mid^2+\mid B_1C_1\mid^2+\mid C_1A_1\mid^2)$$

4. 取点 A,B 和 C 为第 1 个点系,点 P 和 Q 为第 2 个点系. 设 G 为第 1 个点系的重心,而 M 为第 2 个点系的重心.

利用公式(2),有

$$\mid MG\mid^2=\frac{1}{6}(\mid PA\mid^2+\mid PB\mid^2+\mid PC\mid^2+\mid QA\mid^2+\mid QB\mid^2+\mid QC\mid^2)-$$

$$\frac{1}{4}\mid PQ\mid^2-\frac{1}{9}(\mid AB\mid^2+\mid BC\mid^2+\mid CA\mid^2)$$

因为 P 和 Q 是圆 ω 直径的两端,所以 $\mid PQ\mid^2=4R^2$,因此点 M 和 G 是固定的.故

$$\mid PA\mid^2+\mid PB\mid^2+\mid PC\mid^2+\mid QA\mid^2+\mid QB\mid^2+\mid QC\mid^2$$

$$=6\mid MG\mid^2+6R^2+\frac{2}{3}(\mid AB\mid^2+\mid BC\mid^2+\mid CA\mid^2)$$

5. 设 $A_1,A_2,\cdots,A_n$ 是圆上的点. 取圆心 O 为向量的起点. 设 G_{ij} 是点对 A_i,A_j 的重心,G'_{ij} 是其余 $n-2$ 个点的重心,则我们有

$$\overrightarrow{OG'_{ij}}=\frac{1}{n-2}(\sum_{k=1}^{n}\overrightarrow{OA_k}-\overrightarrow{OA_i}-\overrightarrow{OA_j})$$

过点 G'_{ij} 且垂直于 A_iA_j 的直线 l_{ij} 平行于直线 OG_{ij},所以对于直线 l_{ij} 上的任意一点 L,有

$$\overrightarrow{OL}=\overrightarrow{OG'_{ij}}+\lambda\cdot\overrightarrow{OG_{ij}}$$

也就是说

$$\overrightarrow{OL}=\frac{1}{n-2}(\sum_{k=1}^{n}\overrightarrow{OA_k}-\overrightarrow{OA_i}-\overrightarrow{OA_j})+\lambda\frac{\overrightarrow{OA_i}+\overrightarrow{OA_j}}{2}$$

或者

$$\overrightarrow{OL}=\frac{1}{n-2}\sum_{k=1}^{n}\overrightarrow{OA_k}+\left(\frac{\lambda}{2}-\frac{1}{n-2}\right)(\overrightarrow{OA_i}+\overrightarrow{OA_j})$$

当 $\lambda=\frac{2}{n-2}$ 时,得到

$$\overrightarrow{OL_0}=\frac{1}{n-2}\sum_{k=1}^{n}\overrightarrow{OA_k}=\frac{n}{n-2}\overrightarrow{OG}$$

这里 G 是该点系的重心. 所以点 L_0 属于所有的直线 l_{ij},并且

$$\frac{\mid\overrightarrow{OL_0}\mid}{\mid\overrightarrow{OG}\mid}=\frac{n}{n-2}$$

(齐·斯各彼兹,《量子》1975 年第 3 期.)

❖ 100 年前的"悬赏问题"

《初等数学杂志》创刊于 1884 年,两年后改名为《实验物理和初等数学通讯》.

从 1885 年起杂志中就公布了"悬赏问题",我们引述前 5 个问题.

问题 1(1885 年)　求三个整数,使得它们的平方和被它们的乘积整除.证明:问题有无穷多个解,尽管对欲求的数不能构成一般的表达式.引证不超过 1 000 的所有的解.

问题 2(1886 年)　试证明:如果两个互素的数的平方和能够分解成因数,那么每一个因数也能表示成两个数的平方和.

问题 3(1887 年)　已知两个不相交的等圆,在它们的两条内公切线上取任意的两点 F 和 F'. 从两点中的每一点向每一个圆还能引一条切线,设从点 F 和 F' 所引的一个圆的切线相交于点 A,另一个圆的切线相交于点 B. 证明:直线 AB 平行于两圆的连心线,并且线段 FF' 和 AB 中点的连线通过连心线的中点.当两圆不等时,AB 通过两圆外公切线的交点.

问题 4(1888 年 9 月)　数列 $x_0, x_1, x_2, x_3, \cdots, x_n, x_{n+1}, \cdots$ 这样构成,每两个相邻的数之间存在关系式

$$x_n^2 + x_{n+1}^2 + 2ax_nx_{n+1} + 2b(x_n + x_{n+1}) + c = 0$$

用第 1 项和系数 a, b 和 c 来表示数列的通项.

问题 5(1888 年 10 月)　写出四个未知的 x, y, z, t 之间的两个关系式,使得三个表达式

$$\frac{1}{x} + \frac{1}{y} + \frac{1}{z} + \frac{1}{t}$$

$$\frac{x}{x^2 + ax + b} + \frac{y}{y^2 + ay + b} + \frac{z}{z^2 + az + b} + \frac{t}{t^2 + at + b}$$

$$\frac{1}{x^2 + ax + b} + \frac{1}{y^2 + ay + b} + \frac{1}{z^2 + az + b} + \frac{1}{t^2 + at + b}$$

成为不依赖于 x, y, z 和 t 的常量,并求出这些常量.

（依·彼特拉科夫,《量子》1983 年第 8 期.）

❖ 函数方程与群

本文讨论函数方程的解法之一,它利用现代代数最重要的概念 —— 群.

一、函数的复合

在中学数学的课程中基本函数的数量并不多:一次函数,指数函数,幂函数,三角函数等.其他函数借助于基本函数的复合和代数运算得到.

例如,函数 $f(x)=\sin(2x+1)$ 是一次函数,$g(x)=2x+1$ 和三角函数 $h(x)=\sin x$ 的复合,即 $f(x)=h(g(x))=(h\circ g)(x)$.

函数 $f(x)=\lg\arcsin x$ 由函数 $g(x)=\arcsin x$ 和 $h(x)=\lg x$ 的复合而成.请注意,复合 $h\circ g$ 的定义域是使得 $g(x)\in D(h)$ 的 $D(g)$ 中的 x.在最后一个例子中,$D(g)=[-1,1]$,$D(h)=(0,\infty)$.因为当 $x\in(0,1]$ 时,$\arcsin x>0$,所以 $D(f)=(0,1]$.

如果用相反的次序取复合,也就是说,函数 $f(x)=\arcsin\lg x$,那么我们得到 $D(f)=\left[\dfrac{1}{10},10\right]$.

分式线性函数 $g(x)=\dfrac{-2x+1}{3x+2}$ 和 $h(x)=\dfrac{3x-2}{-x+4}$ 的复合是函数

$$f(x)=h(g(x))=\frac{3\cdot\dfrac{-2x+1}{3x+2}-2}{-\dfrac{-2x+1}{3x+2}+4}\quad\left(x\neq-\frac{2}{3}\right)$$

这里 $D(f)=\mathbf{R}\backslash\left\{-\dfrac{2}{3},-\dfrac{1}{2}\right\}$.

一般来说,$f\circ g\neq g\circ f$.同时对于任意函数 $(f\circ g)\circ h=f\circ(g\circ h)$,可由复合的定义直接得到.

二、函数方程

我们求解下列问题.

问题 1 求所有的函数 $y=f(x)$,使得
$$2f(1-x)+1=xf(x)\tag{1}$$

解答 假设存在函数 $f(x)$ 满足该方程.用 $1-x$ 代替 x,我们得到
$$2f(x)+1=(1-x)f(1-x)\tag{2}$$

由式(1)得到 $f(1-x)=\dfrac{1}{2}(xf(x)-1)$.把 $f(1-x)$ 的值代式(2),得

$$2f(x)+1=(1-x)\cdot\frac{1}{2}\cdot(xf(x)-1)$$

由此得 $f(x) = \dfrac{x-3}{x^2 - x + 4}$.

直接验算可知,所得函数满足方程(1).

在所考察的方程中,未知函数的名下有函数 $f_1 = x$ 和 $f_2 = 1-x$.用 $1-x$ 代换 x 使函数 f_1 和 f_2 互相转换。通过代换 $x \to 1-x$ 得到另一个包含 $f(x)$ 和 $f(1-x)$ 的方程。我们把解函数方程归纳为求解具有两个未知量的两个线性方程的方程组.

现在我们考察更复杂的问题.

问题 2　解方程

$$xf(x) + 2f\left(\frac{x-1}{x+1}\right) = 1 \tag{3}$$

解答　尝试用上一题的方法来做。作代换 $x \to \dfrac{x-1}{x+1}$.得到

$$\frac{x-1}{x+1}f\left(\frac{x-1}{x+1}\right) + 2f\left(-\frac{1}{x}\right) = 1 \tag{4}$$

但我们又得到新的未知量 $f\left(-\dfrac{1}{x}\right)$.在方程(3)中再试作一个代换 $x \to -\dfrac{1}{x}$.我们得到

$$-\frac{1}{x}f\left(-\frac{1}{x}\right) + 2f\left(\frac{x+1}{1-x}\right) = 1 \tag{5}$$

除了 $f\left(-\dfrac{1}{x}\right)$,在方程中又出现了我们不希望得到的表达式 $f\left(\dfrac{x+1}{1-x}\right)$.因此,在方程(3)中再尝试用代换 $x \to \dfrac{x+1}{1-x}$.成功了,我们得到方程

$$\frac{x+1}{1-x}f\left(\frac{x+1}{1-x}\right) + 2f(x) = 1 \tag{6}$$

这里没有产生新的未知量,构成了具有四个未知量 $f(x)$,$f\left(\dfrac{x-1}{x+1}\right)$,$f\left(-\dfrac{1}{x}\right)$ 和 $f\left(\dfrac{x+1}{1-x}\right)$ 的四个线性方程(3) ～ (6)的方程组。逐个消去 $f\left(\dfrac{x-1}{x+1}\right)$,$f\left(-\dfrac{1}{x}\right)$,$f\left(\dfrac{x+1}{1-x}\right)$,求得

$$f(x) = \frac{4x^2 - x + 1}{5x(x-1)} \quad (x \neq -1, 0, 1)$$

像解方程(1)时那样,我们假设满足方程(3)的函数存在,经检验表明,f 的确满足方程(3).

58

三、群的出现

我们尝试阐述为什么成功地解答了上面的两个方程.

我们再考察一个方程

$$f(x+1)+f(x)=x$$

它看上去并不比方程(3)更"可怕",但是用同样的方法来解它的努力几乎是徒劳的,作代换 $x \to x+1$ 后出现了未知的量 $f(x+2)$,等等.未知量的链不是闭合的,因此我们无论何时都得不到线性方程组.

请回忆,在解第一个方程时,我们作了代换 $x \to 1-x$.这时 $1-x \to x$,也就是说,函数 $g_1(x)=x$ 和 $g_2=1-x$ 对于复合运算的关联是 $g_1 \circ g_2 = g_2 \circ g_1 = g_2, g_2 \circ g_2 = g_1, g_1 \circ g_1 = g_1$.

我们考察"乘法"表(在第 i 行与第 j 列的交叉处是 $g_i \circ g_j$).(表1)

表1

$\circ$	g_1	g_2
g_1	g_1	g_2
g_2	g_2	g_1

在这个表中的每一行和每一列都会遇到 g_1 和 g_2.

现在设我们需要解方程

$$a(x)f(x)+b(x)f(1-x)=c(x) \qquad (*)$$

这里 a,b,c 为某些函数.显然,作代换 $x \to 1-x$,我们得到方程

$$a(1-x)f(1-x)+b(1-x)f(x)=c(1-x) \qquad (**)$$

它与方程 $(*)$ 一起构成了关于函数 $f(x)$ 和 $f(1-x)$ 的线性方程组.解答的下一步将像在问题1中的解答那样展开.

在问题2中,我们作了代换

$$x \to \frac{x-1}{x+1}, x \to -\frac{1}{x}, x \to \frac{x+1}{1-x}$$

也就是说,涉及函数

$$g_1(x)=x, g_2(x)=\frac{x-1}{x+1}, g_3(x)=-\frac{1}{x}, g_4(x)=\frac{x+1}{1-x}$$

我们来考察函数 g_1, g_2, g_3, g_4 对于复合运算的关联.制作与表1类似的表2(在第 i 行与第 k 列的交叉处写下 $g_i \circ g_k$).

表2

$\circ$	g_1	g_2	g_3	g_4
g_1	g_1	g_2	g_3	g_4
g_2	g_2	g_3	g_4	g_1
g_3	g_3	g_4	g_1	g_2
g_4	g_4	g_1	g_2	g_3

这个表格关于自己的对角线对称(也就是说,对于任意的 k 和 i,$g_i \circ g_k = g_k \circ g_i$).此外,所有的函数在每一行和每一列中恰恰遇到一次,最后容易发现,$g_3 = g_2^2$,$g_4 = g_2^3$,$g_1 = g_2^4$.这里 $g_2^i = \underbrace{g_2 \circ g_2 \circ \cdots \circ g_2}_{i次}$.

这样,函数系 $G = \{g_1, g_2, g_3, g_4\}$ 具有下列性质:① 它关于复合是封闭的;② 在这些函数中有恒等映射 $g_1(x) = x$;③ 函数中的每一个 g_i 有它的逆 g_i^{-1}:$g_1^{-1} = g_1$,$g_2^{-1} = g_4$,$g_3^{-1} = g_3$,$g_4^{-1} = g_2$.

问题 1 中的函数系 $G = \{g_1, g_2\}$ 也具有同样的性质.

如果现在需要解下列类型的任一个函数方程

$$a(x)f(x) + b(x)f\left(\frac{x-1}{x+1}\right) + c(x)f\left(-\frac{1}{x}\right) + d(x)f\left(\frac{x+1}{1-x}\right) = h(x)$$

$$(* * *)$$

事实上,我们已经做过了,作完代换 $x \to g_2(x)$,$x \to g_3(x)$,$x \to g_4(x)$ 后,导出一个线性方程组.作为一个例子我们写出由方程(* * *)经代换 $x \to g_2(x)$ 后的结果.

这时,$g_2(x) \to g_3(x)$,$g_3(x) \to g_4(x)$,$g_4(x) \to g_1(x)$,于是,得到方程

$$a\left(\frac{x-1}{x+1}\right)f\left(\frac{x-1}{x+1}\right) + b\left(\frac{x-1}{x+1}\right)f\left(-\frac{1}{x}\right) +$$

$$c\left(\frac{x-1}{x+1}\right)f\left(\frac{x+1}{1-x}\right) + d\left(\frac{x-1}{x+1}\right)f(x) = h\left(\frac{x-1}{x+1}\right)$$

现在我们给出下列定义.

定义　定义在某个集合 M 上的函数的任意的集合 G,称为关于运算。是群的,如果它具有函数系 (g_1, g_2, g_3, g_4) 同样的性质,也就是说:

(1) 对于任意两个函数 $f \in G$,$g \in G$,它们的复合 $f \circ g$ 也属于 G.

(2) 函数 $e(x) = x$ 属于 G.

(3) 对于任意函数 $f \in G$ 存在反函数 f^{-1},它也属于 G.

这个定义是群的概念的一般定义的特例,而群的概念是现代数学最重要的概念之一.关于详细及通俗的群论基本概念的论述,请参看亚历山大·罗夫的书《群论引论》(《量子》小丛书,第 7 号,莫斯科:科学,1980).

我们已经见到函数群的两个例子.现在我们来引述其他一些例子.

(1) 一次函数 $f(x) = ax + b(a \neq 0, b \in \mathbf{R})$ 的集合 G;

(2)$G = \left\{x, \dfrac{1}{1-x}, \dfrac{x-1}{x}\right\}$,$x \in \mathbf{R} \backslash \{0, 1\}$;

(3) 型如 $f(x) = x + a$ 的函数集合 G.

我们来证明,例如一次函数构成群.所有这些函数定义在数轴 $\mathbf{R}$ 上.设 $f_1 = a_1 x + b_1$,$f_2 = a_2 x + b_2$,这时

$$f_1 \circ f_2 = a_1(a_2x + b_2) + b_1 = a_1a_2x + a_1b_2 + b_1$$

还是一次函数. 函数 $e(x) = x$ 也是一次函数. 如果 $f(x) = ax + b$, 那么 f 的反函数将是一次函数, $f^{-1} = \dfrac{x}{a} - \dfrac{b}{a}$.

四、做出总结

现在我们能够叙述利用函数群的概念解某些函数方程的一般方法.

设在函数方程

$$a_1 f(g_1) + a_2 f(g_2) + \cdots + a_n f(g_n) = b \tag{7}$$

中, 在未知函数 $f(x)$ 名下的表达式是群 G 的元素, 而 G 由 n 个函数组成, $g_1(x) = x, g_2(x), \cdots, g_n(x)$, 并且方程 (7) 的系数 $a_1, a_2, \cdots, a_n, b$ 为 x 的某些函数. 假设方程 (7) 有解, 作代换 $x \rightarrow g_2(x)$, 则函数的序列 $g_1, g_2, \cdots, g_n$ 转换成序列 $g_1 \circ g_2, g_2 \circ g_2, \cdots, g_n \circ g_2$, 后者再次由群中的所有元素组成.

所以未知的量 $f(g_1), f(g_2), \cdots, f(g_n)$ 重新布置, 且我们得到如方程 (7) 形式的新的线性方程. 进而在方程 (7) 中作代换 $x \rightarrow g_3(x), x \rightarrow g_4(x), \cdots, x \rightarrow g_n(x)$, 由此得到需要求解的由 n 个线性方程组成的方程组. 如果方程组有解, 我们还应该通过验算确认, 它们满足方程 (7).

作为一个例子, 我们考察方程

$$2xf(x) + f\left(\frac{1}{1-x}\right) = 2x \tag{8}$$

函数的集合 $g_1(x), g_2 = \dfrac{1}{1-x}, g_3 = \dfrac{x-1}{x}$ 构成了具有乘法表的群 (表 3).

表 3

$\circ$	g_1	g_2	g_3
g_1	g_1	g_2	g_3
g_2	g_2	g_3	g_1
g_3	g_3	g_1	g_2

在方程 (8) 中作代换 $x \rightarrow \dfrac{1}{1-x}, x \rightarrow \dfrac{x-1}{x}$, 我们得到方程组

$$\begin{cases} 2xf_1 + f_2 = 2x \\ \dfrac{2}{1-x}f_2 + f_3 = \dfrac{2}{1-x} \\ \dfrac{2(x-1)}{x}f_3 + f_1 = \dfrac{2(x-1)}{x} \end{cases}$$

这里 $f_1 = f(x), f_2 = f(g_2(x)) = f\left(\dfrac{1}{1-x}\right), f_3 = f(g_3(x)) = f\left(\dfrac{x-1}{x}\right)$, 解这个方程组, 得到 (经检验后)

$$f_1 = f(x) = \frac{6x-2}{7x} \quad (x \neq 0, -1)$$

作为结语我们引述函数群的某些例子,它们能够用来求解函数方程,即

$$G_1 = \{x, a-x\}$$

$$G_2 = \left\{x, \frac{a}{x}\right\} \quad (a \neq 0)$$

$$G_3 = \left\{x, \frac{a}{x}, -x, -\frac{a}{x}\right\} \quad (a \neq 0)$$

$$G_4 = \left\{x, \frac{1}{x}, -x, -\frac{1}{x}, \frac{x-1}{x+1}, \frac{1-x}{x+1}, \frac{x+1}{x-1}, \frac{x+1}{1-x}\right\} \quad (a \neq 0)$$

$$G_5 = \left\{x, \frac{a^2}{x}, a-x, \frac{ax}{x-a}, \frac{ax-a^2}{x}, \frac{a^2}{a-x}\right\} \quad (a \neq 0)$$

$$G_6 = \left\{x, \frac{\sqrt{3}x-1}{x+\sqrt{3}}, \frac{x-\sqrt{3}}{\sqrt{3}x+1}, -\frac{1}{x}, \frac{x+\sqrt{3}}{1-\sqrt{3}x}, \frac{\sqrt{3}x+1}{\sqrt{3}-x}\right\} \quad (a \neq 0)$$

练　习　题

1.求下列函数的复合函数 $f_1 \circ f_2$ 和 $f_2 \circ f_1$:

$$f_1 = \frac{x-2}{3x+4}; f_2 = \frac{2x+3}{5x-1}.$$

2.求函数 $1-x^2$ 和 $\sqrt{x}$ 的复合函数的定义域.

3.设 $f(x) = \dfrac{x}{\sqrt{1-x^2}}$,求 $\underbrace{f \circ f \circ f \circ \cdots \circ f}_{n}$.

4.试证明:

(1) $G = \left\{x, \dfrac{1}{1-x}, \dfrac{x-1}{x}\right\}, x \in \mathbf{R} \backslash \{0,1\}$;

(2) 形如 $f(x) = x+a$ 的函数集合 G 构成群.

5.函数集合 $G = \left\{x, \dfrac{1}{1-x}, \dfrac{x-1}{x}, 1-x, \dfrac{1}{x}, \dfrac{x}{x-1}\right\}$,这里 $x \in \mathbf{R} \backslash \{0,1\}$,关于复合是否构成群?

6.解函数方程:

(1) $xf(x) + 2f\left(-\dfrac{1}{x}\right) = 3, x \neq 0$;

(2) $f\left(\dfrac{x}{x-1}\right) + xf\left(\dfrac{1}{x}\right) = 2, D(f) = \mathbf{R} \backslash \{0,1\}$;

(3) $f(x) + f\left(\dfrac{x-1}{x}\right) = 1-x.$

7. 求 $f(x)$,如果

$$af(x^n) + f(-x^n) = bx$$

这里 $a \neq 1$,n 是奇数.

8. 求定义在 $x \neq 0$,并且满足下列方程的函数

$$(x-2)f(x) + f\left(-\frac{2}{x}\right) - xf(2) = 5$$

9. 至少求一个函数,使它满足方程 $f(f(f(x))) = -\dfrac{1}{x}$,并且不满足方程 $f(f(x)) = -x$.

10. 证明:如果 $G = \{g_1 = x, g_2, \cdots, g_n\}$ 是关于复合函数的有限群,$\varphi = \varphi(x)$ 是任意的可逆函数,那么集合

$$G_n = \{\varphi^{-1} \circ g_1 \circ \varphi, \varphi^{-1} \circ g_2 \circ \varphi, \cdots, \varphi^{-1} \circ g_n \circ \varphi\}$$

也是关于复合函数的群. 关于每个元素的定义域均保持有效.

(布罗兹基,斯利宾柯,《量子》1985 年第 7 期.)

❖ 代数和三角问题的几何解法

本节例谈代数和三角问题的几何解法.

一、数值等式

问题 1　证明等式:

(1) $\cos \dfrac{\pi}{5} - \cos \dfrac{2\pi}{5} = \dfrac{1}{2}$;

(2) $\dfrac{1}{\sin \dfrac{\pi}{7}} = \dfrac{1}{\sin \dfrac{2\pi}{7}} + \dfrac{1}{\sin \dfrac{3\pi}{7}}$.

解答　(1) 考察等腰 $\triangle ABC$,它的三个角分别是 $\dfrac{\pi}{5}, \dfrac{2\pi}{5}, \dfrac{2\pi}{5}$(图 1),引 $\angle B$ 的平分线 BD.这时 $BC = BD = AD$.设 $BC = 1$.由 $\triangle ABD$ 和 $\triangle BCD$ 得到 $AB = 2\cos \dfrac{\pi}{5}, CD = 2\cos \dfrac{2\pi}{5}$,而由等式 $AD = AB - CD$ 立即得到欲证的关系式.

(2) 证法类似.只要考察顶角等于 $\dfrac{\pi}{7}$ 的等腰三角形(图 2),以及高 $BB_1 = 1$ 即可.从 $\triangle ABB_1, \triangle BDB_1, \triangle BCB_1$ 中求得

$$AB = AC = \frac{1}{\sin \dfrac{\pi}{7}}, \quad BD = AD = \frac{1}{\sin \dfrac{2\pi}{7}}, \quad BC = \frac{1}{\sin \dfrac{3\pi}{7}}$$

余下指出,$AC = AD + CD$.

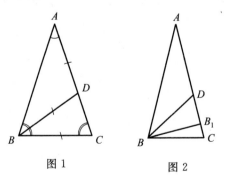

图 1　　　　图 2

问题 2　试证明

$$\cot 30° + \cot 75° = 2$$

解答　考察等腰 $\triangle ABC$,其中 $\angle A = 30°, AB = AC$,作它的高 BD.设

$BD=1$. 这时 $AB=AC=2, AD=\cot 30°, CD=\cot 75°, AD+CD=AC$.

问题 3   计算 $\tan 15°$.

解答   考察上题中的等腰 $\triangle ABC$, 这时 $\angle CBD=15°, AD=\sqrt{3}, \tan 15°=CD=2-\sqrt{3}$.

问题 4   计算 $\sin 18°$.

解答   见图1. 设 $AB=1, BC=x=2\sin 18°$. 因为 $\triangle BDC \backsim \triangle ABC$, 所以 $\dfrac{x}{1-x}=\dfrac{1}{x}$, 解得 $x=\dfrac{-1+\sqrt{5}}{2}$. 因此, $\sin 18°=\dfrac{\sqrt{5}-1}{4}$.

问题 5   试证明
$$\sin 9° + \sin 49° + \sin 89° + \cdots + \sin 289° + \sin 329° = 0$$

解答   考察正九边形 $A_1 A_2 \cdots A_9$, 它内接于圆心为 O 的单位圆 (图3). 设 $\boldsymbol{e}_i = \overrightarrow{OA_i}$, 这时 $\boldsymbol{e}_1 + \boldsymbol{e}_2 + \cdots + \boldsymbol{e}_9 = \boldsymbol{0}$. 欲证的等式意味着 (见练习题2), 各向量 $\boldsymbol{e}_i = (\cos(9° + 140°), \sin(9° + 140°))$ 的坐标之和等于零.

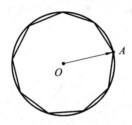

图3

二、恒等式

问题 6   试证明: 当 $0 < \alpha < 180°$ 时:

$(1) \tan \dfrac{\alpha}{2} = \dfrac{1 - \cos \alpha}{\sin \alpha}$; $(2) \sin^2 \dfrac{\alpha}{2} = \dfrac{1 - \cos \alpha}{2}$.

解答 (1) 设在等腰 $\triangle ABC$ 中, $\angle A = \alpha, AB = AC = 1$, 引高 BB_1. 这时 $BB_1 = \sin \alpha, B_1 C = 1 - \cos \alpha$, 则
$$\tan \dfrac{\alpha}{2} = \dfrac{B_1 C}{BB_1} = \dfrac{1 - \cos \alpha}{\sin \alpha}$$

(2) 现在设 AD 为 $\triangle ABC$ 的高. 这时 $\dfrac{CD}{CB_1} = \dfrac{AC}{BC}$, 或者 $CD \cdot BC = CB_1 \cdot AC$. 剩下利用等式
$$CD = \sin \dfrac{\alpha}{2}, BC = 2\sin \dfrac{\alpha}{2}, AC = 1, CB_1 = 1 - \cos \alpha$$

问题 7   试证明: 如果 $A + B + C = \pi$, 并且 $A > 0, B > 0, C > 0$, 那么
$$\tan \dfrac{A}{2} \cdot \tan \dfrac{B}{2} + \tan \dfrac{B}{2} \cdot \tan \dfrac{C}{2} + \tan \dfrac{C}{2} \cdot \tan \dfrac{A}{2} = 1$$

提示　考察角为 A,B 和 C 的三角形. 设 a,b,c 为它的三边, r 为内切圆半径, p 为半周长. 这时 $r=(p-a)\tan\dfrac{A}{2}$ (请自证), 所以

$$\tan\frac{A}{2}\cdot\tan\frac{B}{2}+\tan\frac{B}{2}\cdot\tan\frac{C}{2}+\tan\frac{C}{2}\cdot\tan\frac{A}{2}$$

$$=r^2\left(\frac{1}{p-a}\cdot\frac{1}{p-b}+\frac{1}{p-b}\cdot\frac{1}{p-c}+\frac{1}{p-c}\cdot\frac{1}{p-a}\right)$$

$$=\frac{r^2 p}{(p-a)(p-b)(p-c)}=\frac{r^2 p}{S^2}=1$$

(我们用到了面积公式 $S=rp$ 和海伦公式).

三、证明不等式

问题 8　试证明

$$\sqrt{(a+c)^2+b^2}+\sqrt{(a-c)^2+b^2}\geqslant 2\sqrt{a^2+b^2}$$

这里 a,b,c 是实数.

66

解答　在直角坐标系 xOy 中(图 4), 考察点 $O(0,0),B(a+c,b),A(2a,2b)$, 并且利用三角形不等式 $OB\leqslant OA+AB$.

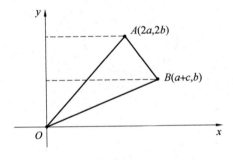

图 4

问题 9　试证明: 对于任意 x,y,z, 成立不等式

$$A=|\sin x\sin y\sin z+\cos x\cos y\cos z|\leqslant 1$$

提示　考察向量 $\boldsymbol{a}=(\sin x\sin y,\cos x\cos y),\boldsymbol{b}=(\sin z,\cos z)$. 这时

$$A=|\boldsymbol{a}\cdot\boldsymbol{b}|\leqslant|\boldsymbol{a}|\cdot|\boldsymbol{b}|\leqslant 1$$

译者注　下面是一个著名的三角恒等式的有趣的几何证明. 它在中文文献中不常见(限于笔者见识!). 现在从一本较老的德文书《数学小品》[1] 中译出, 与读者共享.

证明: 如果 α,β,γ 是一个三角形的三个内角, 那么

$$\tan\alpha+\tan\beta+\tan\gamma=\tan\alpha\tan\beta\tan\gamma$$

下面的几何证明是很有趣的. $\triangle ABC$ 的三个内角是 α,β,γ, 作它的外接圆的三条直径 AP,BQ,CR, 由此形成三对直角三角形:

(1)Rt$\triangle BCQ$ 和 Rt$\triangle BCR$,它们的直角边为 a 和 h,一个角为 α(在 Q 和 R);

(2)Rt$\triangle CAR$ 和 Rt$\triangle CAP$,它们的直角边为 b 和 k,一个角为 β(在 R 和 P);

(3)Rt$\triangle ABP$ 和 Rt$\triangle ABQ$,它们的直角边为 c 和 l,一个角为 γ(在 P 和 Q).

由此则有

$$a=h\tan\alpha, b=k\tan\beta, c=l\tan\gamma$$

根据圆内接四边形的性质,$\angle BPC$,$\angle CQA$,$\angle ARB$ 分别是角 α,β,γ 的补角 $\bar{\alpha}$,$\bar{\beta}$,$\bar{\gamma}$. 因为 $\bar{\alpha}+\bar{\beta}+\bar{\gamma}=360°$,把 $\triangle BCP$ 作平行移动,使得 BP 和 AQ 重合,再将 $\triangle ABR$ 作平行移动,使 BR 和 CQ 重合,这样 $\triangle ABC$ 和 $\triangle ACS$ 全等(图 5). 于是 $\triangle BCP$,$\triangle CAQ$,$\triangle ABR$ 的面积之和等于 $\triangle ABC$ 的面积. 上述四个三角形的面积分别是

$$\frac{akl}{4r}, \frac{blh}{4r}, \frac{chk}{4r}, \frac{abc}{4r}$$

这里 r 表示 $\triangle ABC$ 外接圆的半径. 所以

$$akl+blh+chk=abc$$

把前面得到的关于 a,b,c 的等式代入上式,两边消去 hkl,就得到

$$\tan\alpha+\tan\beta+\tan\gamma=\tan\alpha\tan\beta\tan\gamma$$

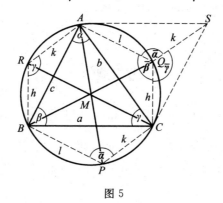

图 5

练 习 题

1.计算:(1)$\sin 36°$;(2)$\tan 36°\tan 72°$.

2.试证明:对于任意正 n 边形 $A_1\cdots A_n$,所有向量 $e_i=\overrightarrow{OA_i}$ 之和等于零向量(O 为 n 边形 $A_1A_2\cdots A_n$ 的中心).

3.求和:

(1)$\sin\dfrac{\pi}{n}+\sin\dfrac{2\pi}{n}+\cdots+\sin\dfrac{(n-1)\pi}{n}$;

(2) $\cos\dfrac{\pi}{n}+\cos\dfrac{2\pi}{n}+\cdots+\cos\dfrac{(n-1)\pi}{n}$;

(3) $\sin\left(\alpha+\dfrac{2\pi}{n}\right)+\sin\left(\alpha+\dfrac{4\pi}{n}\right)+\cdots+\sin\left(\alpha+\dfrac{2(n-1)\pi}{n}\right)$.

4. 对于怎样的 a,b,c,问题 8 中的不等式变成等式?

5. 试证明:不等式

$$\sqrt{x^2+xy+y^2}+\sqrt{x^2+xz+z^2}\geqslant\sqrt{y^2+yz+z^2}$$

提示 从平面上某一点 O 出发引三条两两成 $120°$ 角的射线,在这些射线上各取(从点 O 起)一条线段(当 $x>0,y>0,z>0$);请想一想,如果在数 x, y,z 中有负数的情况下,应该怎样处理.

6. 试证明:如果 $x+y+z=1$,那么 $x^2+y^2+z^2\geqslant\dfrac{1}{3}$.

7. 试证明:如果 $a+b+c=1$,那么成立不等式

$$\sqrt{4a+1}+\sqrt{4b+1}+\sqrt{4c+1}\leqslant\sqrt{21}$$

提示 利用不等式 $\boldsymbol{a}\cdot\boldsymbol{b}\leqslant|\boldsymbol{a}|\cdot|\boldsymbol{b}|$,并选取适当的向量 $\boldsymbol{a}$ 和 $\boldsymbol{b}$.

(依·古斯尼尔,《量子》1989 年第 11 期.)

68

参考文献

[1] DÖRRIE H. Mathematische Miniaturen[M]. Ferdinond Hirt in Breslau, 1943.

❖三个拉马努金公式

本节谈谈三个著名的拉马努金公式,它们每一个的左边含有三次方程的三个根

$$\sqrt[3]{\frac{1}{9}} - \sqrt[3]{\frac{2}{9}} + \sqrt[3]{\frac{4}{9}} = \sqrt[3]{\sqrt[3]{2} - 1} \qquad (1)$$

$$\sqrt[3]{\cos\frac{2\pi}{7}} + \sqrt[3]{\cos\frac{4\pi}{7}} + \sqrt[3]{\cos\frac{8\pi}{7}} = \sqrt[3]{\frac{5 - 3\sqrt[3]{7}}{2}} \qquad (2)$$

$$\sqrt[3]{\cos\frac{2\pi}{9}} + \sqrt[3]{\cos\frac{4\pi}{9}} + \sqrt[3]{\cos\frac{8\pi}{9}} = \sqrt[3]{\frac{3\sqrt[3]{9} - 6}{2}} \qquad (3)$$

第一个公式较简单,只要逐次去根号就能证明.但它与另外两个公式在结构上非常相似.至于公式(2)和(3),它们远非那么简单.我们建议读者探究公式(2)和(3)的解答,想明白这些漂亮公式的内在机理,并能够独立地证明一些拉马努金型的公式(由作者找到的,请参看练习题5),也许你能够想出自己的公式.

一、与韦达公式的联系

从拉马努金公式中容易猜到三角与代数之间的联系.仔细看看下面两组

$$\left\{\cos\frac{2\pi}{7}, \cos\frac{4\pi}{7}, \cos\frac{8\pi}{7}\right\}$$

$$\left\{\cos\frac{2\pi}{9}, \cos\frac{4\pi}{9}, \cos\frac{8\pi}{9}\right\}$$

每一组中三个余弦的角度构成以 2 为公比的等比数列.

利用变换

$$\cos\alpha\cos 2\alpha\cos 4\alpha = \frac{\sin 2\alpha\cos 2\alpha\cos 4\alpha}{2\sin\alpha}$$

$$= \frac{\sin 4\alpha\cos 4\alpha}{4\sin\alpha}$$

$$= \frac{\sin 8\alpha}{8\sin\alpha}$$

能够建立等式

$$\cos\frac{2\pi}{7}\cos\frac{4\pi}{7}\cos\frac{8\pi}{7} = \frac{1}{8}$$

$$\cos\frac{2\pi}{9}\cos\frac{4\pi}{9}\cos\frac{8\pi}{9} = -\frac{1}{8}$$

这表明在拉马努金公式中余弦的角度的选取绝非是偶然的.

现在来求三个余弦之和. 我们有

$$\cos\frac{2\pi}{7} + \cos\frac{4\pi}{7} + \cos\frac{8\pi}{7}$$

$$= \frac{2\sin\frac{\pi}{7}}{2\sin\frac{\pi}{7}}\left(\cos\frac{2\pi}{7} + \cos\frac{4\pi}{7} + \cos\frac{6\pi}{7}\right)$$

$$= \frac{1}{2\sin\frac{\pi}{7}}\left(\sin\frac{3\pi}{7} - \sin\frac{\pi}{7} + \sin\frac{5\pi}{7} - \sin\frac{3\pi}{7} + \sin\pi - \sin\frac{5\pi}{7}\right)$$

$$= -\frac{1}{2}$$

$$\cos\frac{2\pi}{9} + \cos\frac{4\pi}{9} + \cos\frac{8\pi}{9}$$

$$= \cos\frac{2\pi}{9} + \cos\frac{4\pi}{9} - \cos\frac{\pi}{9}$$

$$= 2\cos\frac{3\pi}{9}\cos\frac{\pi}{9} - \cos\frac{\pi}{9} = 0$$

最后求这样的和

$$S_1 = \cos\frac{2\pi}{7}\cos\frac{4\pi}{7} + \cos\frac{2\pi}{7}\cos\frac{8\pi}{7} + \cos\frac{4\pi}{7}\cos\frac{8\pi}{7}$$

$$S_2 = \cos\frac{2\pi}{9}\cos\frac{4\pi}{9} + \cos\frac{2\pi}{9}\cos\frac{8\pi}{9} + \cos\frac{4\pi}{9}\cos\frac{8\pi}{9}$$

问题 1　试证明：$S_1 = -\dfrac{1}{2}, S_2 = -\dfrac{3}{4}$.

现在我们写出三次方程的韦达公式. 如果 x, y, z 是方程

$$t^3 + pt^2 + qt + r = 0$$

的三个根, 那么大家知道

$$\begin{cases} x + y + z = -p \\ xy + xz + yz = q \\ xyz = -r \end{cases} \tag{4}$$

比较方程组(4)与上面我们得到的拉马努金三余弦的等式, 我们做出结论, 第一个三数数组构成方程

$$t^3 + \frac{1}{2}t^2 - \frac{1}{2}t - \frac{1}{8} = 0 \tag{5}$$

的根, 而第二个三数数组构成方程

$$t^3 - \frac{3}{4}t + \frac{1}{8} = 0 \qquad (6)$$

的根.

这是我们证明中最重要的一步,它揭示了公式(2)和(3)中三角表达式和代数表达式之间关系的实质.

二、考察三根之和

我们提出的问题,数 x, y, z 是已知方程

$$t^3 + pt^2 + qt + r = 0$$

的根,需要求它们的立方根之和(这个和的立方记为 A)

$$\sqrt[3]{x} + \sqrt[3]{y} + \sqrt[3]{z} = \sqrt[3]{A} \qquad (7)$$

式(7)容易与另一个和式一起来求

$$\sqrt[3]{xy} + \sqrt[3]{xz} + \sqrt[3]{yz} = \sqrt[3]{B} \qquad (8)$$

分别将式(7)(8)的两边三次方,考虑韦达公式(4),得到(请独立验证)

$$A = -p + 3\sqrt[3]{AB} + 3\sqrt[3]{r} \qquad (9)$$

$$B = q - 3\sqrt[3]{AB}\,r - 3\sqrt[3]{r^2} \qquad (10)$$

由(9)$\times\sqrt[3]{r}$ +(10),用 A 表示 B,得

$$B = q - (A + p)\sqrt[3]{r}$$

把此式代入式(9),我们得到仅与 A 有关的方程

$$A + p - 3\sqrt[3]{r} = 3\sqrt{A(q - (A + p)^3\sqrt{r})}$$

将此方程的两边三次方,得到下面关于 A 的三次方程

$$A^3 + 3(p + 6\sqrt[3]{r})A^2 + 3(p^2 + 3p\sqrt[3]{r} + 9\sqrt[3]{r^2} - 9q)A + (p - 3\sqrt[3]{r})^3 = 0$$

$$(11)$$

三、三次方程的化简

已知三次方程

$$x^3 + 3bx^2 + 3cx + d = 0 \qquad (12)$$

我们来说明如何化简它.

在方程(12)中代入 $x = z - b$,得到不含 z^2 的关于 z 的三次方程(请检验!).如果在方程(12)中有关系式 $b^2 = c$,那么在关于 z 的方程中消去了带 z 的项,于是方程(12)取形式 $z^3 = b^3 - d$.

现回到 x,我们得到

$$x = \sqrt[3]{b^3 - d} - b \qquad (13)$$

我们来验证,在每一种情况下,对于方程(11),条件 $b^2 = c$ 都得到满足.把它与方程(12)相比,我们有

$$b = p + 6\sqrt[3]{r}$$

$$c = p^2 + 3p\sqrt[3]{r} + 9\sqrt[3]{r^2} - 9q$$

以及条件 $b^2 = c$，取形式

$$3\sqrt[3]{r^2} + p\sqrt[3]{r} + q = 0 \tag{14}$$

现在对于方程的根是拉马努金的三余弦（见公式（5）和（6））来说，数 p, q 和 r 是已知的！

对于第一个三数数组：$p = \dfrac{1}{2}, q = -\dfrac{1}{2}, r = -\dfrac{1}{8}$；对于第二个三数数组：$p = 0, q = -\dfrac{3}{4}, r = \dfrac{1}{8}$. 把这些值代入式（14），得到数值等式！但是在这种情况下，根据式（13）（当 $x = A, b = p + 6\sqrt[3]{r}, d = (p - 3\sqrt[3]{r})^3$）

$$A = \sqrt[3]{b^3 - d} - b$$

在第一个三数数组下，$b = \dfrac{1}{2} - 3 = -\dfrac{5}{2}, d = \left(\dfrac{1}{2} + \dfrac{3}{2}\right)^3 = 8$，于是

$$A = \frac{-\sqrt[3]{189} + 5}{2} = \frac{5 - 3\sqrt[3]{7}}{2}$$

在第二个三数数组下，$b = 3, d = \left(-\dfrac{3}{2}\right)^3 = -\dfrac{27}{8}$，于是

$$A = \sqrt[3]{27 + \frac{27}{8}} - 3 = \frac{3\sqrt[3]{9} - 6}{2}$$

而这是拉马努金公式（2）和（3）右边根式下的表达式. 所以证明完毕.

问题 2 令 $\sqrt[3]{x} = u, \sqrt[3]{y} = v, \sqrt[3]{z} = w$，请证明：条件（14）当 u, v, w 不等于 0 时，等价于条件

$$u^3 + v^3 + w^3 + \frac{(uv)^2}{w} + \frac{(uw)^2}{v} + \frac{(vw)^2}{u} + 3uvw = 0 \tag{15}$$

由我们的证明，得到拉马努金三余弦（第一和第二数组）的立方根满足条件（15）. 不难直接验证，三数数组

$$u = \sqrt[3]{\frac{1}{9}}, v = -\sqrt[3]{\frac{2}{9}}, w = \sqrt[3]{\frac{4}{9}}$$

也满足这个条件.

这样，一般的条件（15）基于等式（1）（2）（3）.

也许，拉马努金知道满足条件（15）的其他三数数组 (u, v, w).

问题 3 与数 u, v, w 一起，下面各数组也满足条件（15）：

（1）数 $\dfrac{1}{u}, \dfrac{1}{v}, \dfrac{1}{w}$；

(2) 数 $\sqrt{u^3 + uvw}$, $\sqrt{v^3 + uvw}$, $\sqrt{w^3 + uvw}$.

问题 4 请证明：如果条件(15)成立，那么成立等式

$$\left(\frac{u}{v} + \frac{v}{u} + \frac{u}{w} + \frac{w}{u} + \frac{v}{w} + \frac{w}{v}\right)^3 + 6$$

$$= \left(\frac{u}{v}\right)^3 + \left(\frac{v}{u}\right)^3 + \left(\frac{u}{w}\right)^3 + \left(\frac{w}{u}\right)^3 + \left(\frac{v}{w}\right)^3 + \left(\frac{w}{v}\right)^3 \qquad (16)$$

请验证，对于三数 $u = \sqrt[3]{\dfrac{1}{9}}$, $v = -\sqrt[3]{\dfrac{2}{9}}$, $w = \sqrt[3]{\dfrac{4}{9}}$ ，式(16)成立. 能否反过来从式(16)推导出式(15)呢？

问题 5 证明等式：

(1) $\sqrt[3]{\sec\dfrac{2\pi}{7}} + \sqrt[3]{\sec\dfrac{4\pi}{7}} + \sqrt[3]{\sec\dfrac{8\pi}{7}} = \sqrt[3]{8 - 6\sqrt[3]{7}}$ ；

(2) $\sqrt[3]{\sec\dfrac{2\pi}{9}} + \sqrt[3]{\sec\dfrac{4\pi}{9}} + \sqrt[3]{\sec\dfrac{8\pi}{9}} = \sqrt[3]{6(\sqrt[3]{9} - 1)}$ ；

(3) $\sqrt[3]{2 + \sec\dfrac{2\pi}{7}} + \sqrt[3]{2 + \sec\dfrac{4\pi}{7}} + \sqrt[3]{2 + \sec\dfrac{8\pi}{7}} = \sqrt[3]{6\sqrt[3]{7} - 10}$ ；

(4) $\sqrt[3]{\dfrac{1}{2} + \cos\dfrac{2\pi}{7}} + \sqrt[3]{\dfrac{1}{2} + \cos\dfrac{4\pi}{7}} + \sqrt[3]{\dfrac{1}{2} + \cos\dfrac{8\pi}{7}} = \sqrt[3]{\dfrac{3}{2}\sqrt[3]{7} - 2}$ ；

(5) $\sqrt[3]{\dfrac{\cos\dfrac{2\pi}{7}}{2\cos\dfrac{2\pi}{7} + 1}} + \sqrt[3]{\dfrac{\cos\dfrac{4\pi}{7}}{2\cos\dfrac{4\pi}{7} + 1}} + \sqrt[3]{\dfrac{\cos\dfrac{8\pi}{7}}{2\cos\dfrac{8\pi}{7} + 1}} = \sqrt[3]{\dfrac{3}{2}\sqrt[3]{7} - 2}$ ；

(6) $\sqrt[3]{2 - \sec\dfrac{2\pi}{9}} + \sqrt[3]{2 - \sec\dfrac{4\pi}{9}} + \sqrt[3]{2 - \sec\dfrac{8\pi}{9}} = \sqrt[3]{6(\sqrt[3]{9} - 2)}$ ；

(7) $\sqrt[3]{\dfrac{1}{2} - \cos\dfrac{2\pi}{9}} + \sqrt[3]{\dfrac{1}{2} - \cos\dfrac{4\pi}{9}} + \sqrt[3]{\dfrac{1}{2} - \cos\dfrac{8\pi}{9}} = \sqrt[3]{\dfrac{3}{2}(\sqrt[3]{9} - 1)}$ ；

(8) $\sqrt[3]{\dfrac{\cos\dfrac{2\pi}{9}}{2\cos\dfrac{2\pi}{9} - 1}} + \sqrt[3]{\dfrac{\cos\dfrac{4\pi}{9}}{2\cos\dfrac{4\pi}{9} - 1}} + \sqrt[3]{\dfrac{\cos\dfrac{8\pi}{9}}{2\cos\dfrac{8\pi}{9} - 1}} = \sqrt[3]{\dfrac{3}{2}(\sqrt[3]{9} - 1)}$ ；

(9) $\sqrt[3]{\dfrac{\cos\dfrac{2\pi}{7}}{\cos\dfrac{4\pi}{7}}} + \sqrt[3]{\dfrac{\cos\dfrac{\pi}{7}}{\cos\dfrac{2\pi}{7}}} + \sqrt[3]{\dfrac{\cos\dfrac{2\pi}{7}}{\cos\dfrac{8\pi}{7}}} + \sqrt[3]{\dfrac{\cos\dfrac{8\pi}{7}}{\cos\dfrac{2\pi}{7}}} + \sqrt[3]{\dfrac{\cos\dfrac{4\pi}{7}}{\cos\dfrac{8\pi}{7}}} + \sqrt[3]{\dfrac{\cos\dfrac{8\pi}{7}}{\cos\dfrac{4\pi}{7}}} = -\sqrt[3]{7}$ ；

(10) $\sqrt[3]{\dfrac{\cos\dfrac{2\pi}{9}}{\cos\dfrac{4\pi}{9}}} + \sqrt[3]{\dfrac{\cos\dfrac{4\pi}{9}}{\cos\dfrac{2\pi}{9}}} + \sqrt[3]{\dfrac{\cos\dfrac{2\pi}{9}}{\cos\dfrac{8\pi}{9}}} + \sqrt[3]{\dfrac{\cos\dfrac{8\pi}{9}}{\cos\dfrac{2\pi}{9}}} + \sqrt[3]{\dfrac{\cos\dfrac{4\pi}{9}}{\cos\dfrac{8\pi}{9}}} + \sqrt[3]{\dfrac{\cos\dfrac{8\pi}{9}}{\cos\dfrac{4\pi}{9}}} = -\sqrt[3]{9}$.

73

E
L
S
L
Z
Z
Z

（式(9)和(10)发表于《量子》1990年第2期.）

（维·舍韦廖夫,《量子》1988年第6期.）

译者注

1.维·克列奇马尔在《代数问题集》(莫斯科:数学物理文选出版社,1959)一书中对公式(2)和(3)作出了另一个解答,它对于上文的解题思想和方法的理解是有益的.现与大家分享如下:

方程 $x^7 = 1$ 的根为

$$\cos\frac{2k\pi}{7} + \mathrm{i}\sin\frac{2k\pi}{7} \quad (k=0,1,2,\cdots,6)$$

所以方程

$$x^6 + x^5 + x^4 + x^3 + x^2 + x + 1 = 0 \qquad (*)$$

的根将为

$$x_k = \cos\frac{2k\pi}{7} + \mathrm{i}\sin\frac{2k\pi}{7} \quad (k=1,2,3,4,5,6)$$

令 $x + \dfrac{1}{x} = y$,这时

$$x^2 + \frac{1}{x^2} = y^2 - 2, \quad x^3 + \frac{1}{x^3} = y^3 - 3y$$

方程(*)能用下列方式改写

$$\left(x^3 + \frac{1}{x^3}\right) + \left(x^2 + \frac{1}{x^2}\right) + \left(x + \frac{1}{x}\right) + 1 = 0$$

容易得到

$$x_1 = \overline{x_6}, \quad x_2 = \overline{x_5}, \quad x_3 = \overline{x_4}$$

$$x_k + \frac{1}{x_k} = x_k + \overline{x_k} = 2\cos\frac{2k\pi}{7}$$

由此得到结论,数值

$$2\cos\frac{2\pi}{7}, \quad 2\cos\frac{4\pi}{7}, \quad 2\cos\frac{8\pi}{7}$$

是下列方程的根

$$y^3 + y^2 - 2y - 1 = 0$$

我们来建立一个方程,它的三个根是

$$\sqrt[3]{2\cos\frac{2\pi}{7}}, \quad \sqrt[3]{2\cos\frac{4\pi}{7}}, \quad \sqrt[3]{2\cos\frac{8\pi}{7}}$$

设某方程

$$x^3 - ax^2 + bx - c = 0$$

的根是 α, β, γ，这时我们有

$$\alpha + \beta + \gamma = a, \alpha\beta + \alpha\gamma + \beta\gamma = b, \alpha\beta\gamma = c$$

设以 $\sqrt[3]{\alpha}, \sqrt[3]{\beta}, \sqrt[3]{\gamma}$ 为根的方程是

$$x^3 - Ax^2 + Bx - C = 0$$

这时

$$\sqrt[3]{\alpha} + \sqrt[3]{\beta} + \sqrt[3]{\gamma} = A$$

$$\sqrt[3]{\alpha}\sqrt[3]{\beta} + \sqrt[3]{\alpha}\sqrt[3]{\gamma} + \sqrt[3]{\beta}\sqrt[3]{\gamma} = B$$

$$\sqrt[3]{\alpha\beta\gamma} = C$$

利用恒等式

$$(m + p + q)^3 = m^3 + p^3 + q^3 + 3(m + p + q)(mp + mq + pq) - 3mpq$$

这里先用 $\sqrt[3]{\alpha}, \sqrt[3]{\beta}, \sqrt[3]{\gamma}$，再用 $\sqrt[3]{\alpha\beta}, \sqrt[3]{\alpha\gamma}, \sqrt[3]{\beta\gamma}$ 来代替 m, p 和 q，我们得到

$$A^3 = a + 3AB - 3C$$

$$B^3 = b + 3BCA - 3C^3$$

在我们的情况中，有 $a = -1, b = -2, c = 1, C = 1$. 由此得到

$$A^3 = 3AB - 4$$

$$B^3 = 3AB - 5$$

将两个方程相乘，并且令 $AB = z$，求得

$$z^3 - 9z^2 + 27z - 20 = 0$$

$$(z - 3)^3 + 7 = 0$$

$$z = 3 - \sqrt[3]{7}$$

而

$$A^3 - 3z + 4 = 5 - 3\sqrt[3]{7}$$

$$A = \sqrt[3]{5 - 3\sqrt[3]{7}}$$

所以

$$\sqrt[3]{\alpha} + \sqrt[3]{\beta} + \sqrt[3]{\gamma} = \sqrt[3]{2\cos\frac{2\pi}{7}} + \sqrt[3]{2\cos\frac{4\pi}{7}} + \sqrt[3]{2\cos\frac{8\pi}{7}}$$

$$= \sqrt[3]{5 - 3\sqrt[3]{7}}$$

类似地，可以证明另一个恒等式.

2. 维·列文在《拉马努金——印度的数学天才》（莫斯科：知识出版社，1968）一书中介绍了下面三个拉马努金等式，并给出了第一个等式的证明. 这些公式是初等的，只不过它们的证明要较多地用到三角恒等变换的技巧. 现分

享如下

$$\sqrt{8-\sqrt{8+\sqrt{8-\sqrt{8+\cdots}}}}=1+2\sqrt{3}\sin 20°$$

$$\sqrt{11-2\sqrt{11+2\sqrt{11-\cdots}}}=1+4\sin 10°$$

$$\sqrt{23-2\sqrt{23+2\sqrt{23-\cdots}}}=1+4\sqrt{3}\sin 20°$$

证明

$$1+2\sqrt{3}\sin 20°=\sqrt{1+4\sqrt{3}\sin 20°+12\sin^2 20°}$$

$$=\sqrt{1+4\sqrt{3}\sin 20°+12\frac{1-\cos 40°}{2}}$$

$$=\sqrt{7+4\sqrt{3}\sin 20°-6\cos 40°}$$

$$=\sqrt{7+4\sqrt{3}\sin 20°-4\sqrt{3}\cos 30°\cos 40°}$$

$$=\sqrt{7+4\sqrt{3}\sin 20°-2\sqrt{3}\cos 70°-2\sqrt{3}\cos 10°}$$

$$=\sqrt{7+2\sqrt{3}\cos 70°-2\sqrt{3}\cos 10°}$$

$$=\sqrt{7-4\sqrt{3}\sin 30°\sin 40°}$$

$$=\sqrt{8-(1+2\sqrt{3}\sin 40°)}$$

作类似的变换,得到

$$1+2\sqrt{3}\sin 40°=\sqrt{1+4\sqrt{3}\sin 40°+12\sin^2 40°}$$

$$=\sqrt{1+4\sqrt{3}\sin 40°+6(1-\cos 80°)}$$

$$=\sqrt{7+4\sqrt{3}\sin 40°-6\cos 80°}$$

$$=\sqrt{7+4\sqrt{3}\sin 40°-4\sqrt{3}\cos 30°\cos 80°}$$

$$=\sqrt{7+4\sqrt{3}\sin 40°-2\sqrt{3}\cos 110°-2\sqrt{3}\cos 50°}$$

$$=\sqrt{7+2\sqrt{3}\sin 40°+2\sqrt{3}\sin 20°}$$

$$=\sqrt{7+4\sqrt{3}\sin 30°\cos 10°}$$

$$=\sqrt{8+(2\sqrt{3}\sin 80°-1)}$$

再作类似的变换,得到

$$2\sqrt{3}\sin 80°-1=\sqrt{12\sin^2 80°-4\sqrt{3}\sin 80°+1}$$

$$=\sqrt{6(1-\cos 160°)-4\sqrt{3}\sin 80°+1}$$

$$=\sqrt{7-4\sqrt{3}\sin 80°-6\cos 160°}$$

$$=\sqrt{7-4\sqrt{3}\sin 80°-4\sqrt{3}\cos 30°\cos 160°}$$

$$=\sqrt{7-4\sqrt{3}\sin 80°-2\sqrt{3}\cos 190°-2\sqrt{3}\cos 130°}$$

$$=\sqrt{7-2\sqrt{3}\sin 80°+2\sqrt{3}\sin 40°}$$

$$=\sqrt{7-4\sqrt{3}\cos 60°\sin 20°}$$

$$=\sqrt{8-(1+2\sqrt{3}\sin 20°)}$$

这三个结果经互相代换后得到等式

$$1+2\sqrt{3}\sin 20°=\sqrt{8-\sqrt{8+\sqrt{8-(1+2\sqrt{3}\sin 20°)}}}$$

由此通过迭代，即反复的代换，我们能够得到欲证明的公式．

E
L
S
L
Z
Z
Z

⑦⑦

❖妙题 10 道

本节考察 10 个问题,它们结果优美,解答漂亮,但似乎不被广大读者知晓.

问题 1 有非常漂亮和出乎意料的解答.

问题 1(黄金分割)　已知 $\triangle ABC$,点 P 和 Q 分别在边 AB 和 AC 上,T 是线段 CP 和 BQ 的交点.应该怎样选取点 P 和 Q,使得 $\triangle PQT$ 的面积最大?(图 1)

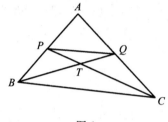

图 1

解答(向量)　我们来证明,当

$$\frac{AP}{AB} = \frac{AQ}{AC} = \frac{\sqrt{5}-1}{2}$$

时 $\triangle PQT$ 的面积最大.

令

$$\overrightarrow{AB} = \boldsymbol{b}, \overrightarrow{AC} = \boldsymbol{c}$$
$$\overrightarrow{AP} = p \cdot \boldsymbol{b}, \overrightarrow{AQ} = q \cdot \boldsymbol{c}$$

这里 $0 < p, q < 1$.这时

$$\overrightarrow{PC} = \boldsymbol{c} - p \cdot \boldsymbol{b}, \overrightarrow{QB} = \boldsymbol{b} - q \cdot \boldsymbol{c}$$

设

$$\overrightarrow{BT} = n \cdot \overrightarrow{BQ}, \overrightarrow{PT} = m \cdot \overrightarrow{PC}$$

因为

$$\overrightarrow{BP} + \overrightarrow{PT} = \overrightarrow{BT}$$

所以

$$(p-1)\boldsymbol{b} + m(\boldsymbol{c} - p \cdot \boldsymbol{b}) = n(q \cdot \boldsymbol{c} - \boldsymbol{b})$$

或者

$$(p - 1 - pm + n)\boldsymbol{b} + (m - qn)\boldsymbol{c} = \boldsymbol{0}$$

因而

$$p - 1 - pm + n = m - qn = 0$$

由此得到

$$m = \frac{q(1-p)}{1-pq}, n = \frac{1-p}{1-pq}$$

所以

$$\overrightarrow{TP} = \frac{q(1-p)}{1-pq}(p \cdot \boldsymbol{b} - \boldsymbol{c})$$

$$\overrightarrow{TQ} = \frac{p(1-q)}{1-pq}(q \cdot \boldsymbol{c} - \boldsymbol{b})$$

于是

$$S_{\triangle PQT} = \frac{1}{2} \mid \overrightarrow{TP} \times \overrightarrow{TQ} \mid = \frac{1}{2} f(p,q) \mid \boldsymbol{b} \times \boldsymbol{c} \mid$$

这里

$$f(p,q) = \frac{pq(1-p-q+pq)}{1-pq}$$

因为 $p+q \geqslant 2\sqrt{pq}$，所以

$$f(p,q) \leqslant \frac{pq(1-2\sqrt{pq}+pq)}{1-pq} = \frac{pq(1-\sqrt{pq})}{1+\sqrt{pq}}$$

当 $p=q$ 时等式成立. 借助于导数容易证明，对于 $0 < x < 1$，当 $x^2 + x - 1 = 0$，即 $x = \frac{\sqrt{5}-1}{2}$ 时，函数 $\frac{x^2(1-x)}{1+x}$ 取最大值. 这样，$f(p,q)$ 意味着，$S_{\triangle PQT}$ 在 $p = q = \frac{\sqrt{5}-1}{2}$ 时取最大值.

下面一题只不过是看上去比较繁复而已. 我们给出这个问题的两个漂亮的解答.

问题 2（多重根号） 试证明：对于任意自然数 $n \geqslant 2$，成立不等式

$$\sqrt{2\sqrt[3]{3\sqrt[4]{4\cdots\sqrt[n]{n}}}} < 2$$

解法 1（反向归纳） 我们来证明更强的命题，也就是说，对于所有的自然数 $n \geqslant m \geqslant 2$，成立不等式

$$\sqrt[m]{m\sqrt[m+1]{(m+1)\cdots\sqrt[n]{n}}} < 2$$

我们用反向归纳法来证明，即先对 $m=n$，然后"下降"到 $m=2$.

显然，$\sqrt[n]{n} < 2$.

对于 $m < n$，假设 $\sqrt[m+1]{(m+1)\cdots\sqrt[n]{n}} < 2$，这时

$$\sqrt[m]{m\sqrt[m+1]{(m+1)\cdots\sqrt[n]{n}}} < \sqrt[m]{m \cdot 2} \leqslant 2$$

令 $m=2$ 得到所需要的结果.

解法 2（对数）　记不等式的左边为 p，我们有

$$\ln p = \frac{\ln 2}{2!} + \frac{\ln 3}{3!} + \cdots + \frac{\ln n}{n!}$$

因为对于 $x \geqslant 3, \dfrac{\ln x}{x}$ 递减，所以

$$\ln p = \frac{\ln 2}{2} + \frac{\ln 3}{3}\left(\frac{1}{2!} + \frac{1}{3!} + \cdots + \frac{1}{(n-1)!}\right) < \frac{\ln 2}{2} + \frac{\ln 3}{3}(e-2)$$

所以

$$p < \sqrt{2} \cdot 3^{\frac{e-2}{3}} \approx 1.839\ 7 < 2$$

作为下界的估计，我们有

$$\ln p > \frac{\ln 2}{2} + \frac{1}{3!} + \frac{1}{4!} + \cdots = \frac{\ln 2}{2} + e - \frac{5}{2}$$

也就是说

$$p > \sqrt{2} \cdot e^{-\frac{5}{2}} \approx 1.142\ 3$$

下题能用积分求解，但是有非常漂亮的初等解法.

问题 3（射影）　在平面上分布总长度为 1 的有限条线段. 试证明：存在直线 l，使得这些线段在 l 上的射影长之和小于 $\dfrac{2}{\pi}$.

解答（内切圆）　我们把所有 n 条线段对于自身作平行移动，使得它们的中点在点 V 重合（图 2）.

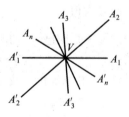

图 2

记得到的线段的 $2n$ 个端点为 $A_1, A_2, \cdots, A_n, A'_1, A'_2, \cdots, A'_n$，从某一点 P'_n 开始，作线段 $P'_n P_1$，使它等于并且平行于 VA_1，然后作等于并且平行于 VA_2 的线段 $P_1 P_2$，等等，我们得到点 $P_3, \cdots, P_n, P'_1, \cdots, P'_{n-1}$. 结果得到凸 $2n$ 边形 P（图 3），它以 O 为对称中心（因为这个多边形的各组对边相等并且平行）. 选取其距离 d 最小的一组平行对边. 考察以 O 为圆心，d 为直径的圆.

这个圆切两条对边于内点 T 和 T'. 所以，整个圆在多边形 P 的内部. 因此

$$\pi d < P \text{ 的周长} = 1$$

也就是说，$d < \dfrac{1}{\pi}$，所以，多边形 P 所有的 $2n$ 条边在直线 TT' 上的垂直射影的

总长 $2d < \dfrac{2}{\pi}$，这就是所要证明的.

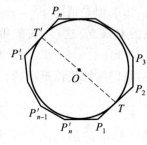

图 3

为了更好地估计下题，请先独立地解决它.

问题 4（循环和）　设 n 是自然数，且 $n \geqslant 4$. 求下列和最佳的上、下界估计

$$\sum_{i=1}^{n} \frac{x_i}{x_{i-1} + x_i + x_{i+1}}$$

这里，$x_0 = x_n$，$x_{n+1} = x_1$，对于 n 个非负实数 $(x_1, x_2, \cdots, x_n)$ 所有的数组，在其每一个循环中没有三个相继的零.

解答（在零的界限）　我们来证明

$$1 < \sum_{i=1}^{n} \frac{x_i}{x_{i-1} + x_i + x_{i+1}} \leqslant \left[\frac{n}{2}\right]$$

并且其上、下界是最佳的.

设 S 是所给的和且 $T = \sum_{i=1}^{n} x_i$，这时

$$S > \frac{x_1}{T} + \frac{x_2}{T} + \cdots + \frac{x_n}{T} = 1$$

为了证明 1 是下界的最佳估计，令 $x_i = \varepsilon^{i-n}$，这里 $0 < \varepsilon < 1$，则我们有

$$S = \frac{\varepsilon^{i-n}}{1 + \varepsilon^{1-n} + \varepsilon^{2-n}} + \sum_{i=2}^{n-1} \frac{\varepsilon^{i-n}}{\varepsilon^{i-n-1} + \varepsilon^{i-n} + \varepsilon^{i-n+1}} +$$

$$\frac{1}{\varepsilon^{-1} + 1 + \varepsilon^{1-n}}$$

$$= \frac{1}{\varepsilon^{n-1} + 1 + \varepsilon} + \sum_{i=2}^{n-1} \frac{1}{\varepsilon^{-1} + 1 + \varepsilon} + \frac{1}{\varepsilon^{-1} + 1 + \varepsilon^{1-n}}$$

$$\xrightarrow{\varepsilon \to 0} 1$$

现在我们来证明，对于 $n = 2m$ 和 $n = 2m$ 最佳上界的估计等于 m.

设 $n = 2m$. 我们发现

$$\frac{x_1}{x_{2m} + x_1 + x_2} + \frac{x_2}{x_1 + x_2 + x_3}$$

$$\leqslant \frac{x_1}{x_1+x_2} + \frac{x_2}{x_1+x_2} = 1$$

（这里自然利用了条件 $x_1+x_2>0$，但是情况 $x_1=x_2=0$ 是显然的）．类似地，不等式对于所有相继加项组成的对成立．这样，我们得到上界的估计 m，它当 $x_2=x_4=\cdots=x_{2m}=0$ 或者 $x_1=x_3=\cdots=x_{2m-1}=0$ 时达到．

设 $n=2m+1$．不失一般性，我们能够假设最小的分母是 $x_1+x_2+x_3$．这时

$$\frac{x_1}{x_{2m+1}+x_1+x_2} + \frac{x_2}{x_1+x_2+x_3} + \frac{x_3}{x_2+x_3+x_4} \leqslant 1$$

而现在只需要重新利用两个相继的加式之和不大于 1．这时，上界 m 当 $x_2=x_4=\cdots=x_{2m}=0$ 或者 $x_1=x_3=\cdots=x_{2m-1}=0$ 时达到．

下题的结果是解决比较困难的问题的第一步．

问题 5（来自纸片的三角形）　试证明：任意面积为 1 的三角形纸片能够这样折叠，使之放在桌子上，其所占的面积小于 $\dfrac{\sqrt{5}-1}{2}$．

解法 1（角平分线）　设 $\triangle ABC$ 是已知的三角形，其边 $a\leqslant b\leqslant c$．

设点 D 在边 BC 上，使得 AD 是 $\angle A$ 的平分线．我们沿着线段 AD 折叠 $\triangle ABC$，得到的三角形所取的面积等于

$$S_{\triangle ABD} = \frac{c}{b+c}$$

类似地，如果我们沿着 $\angle C$ 的平分线折叠三角形，那么由得到的图形掩盖的面积等于 $\dfrac{b}{a+b}$．于是，剩下只要证明

$$\min\left(\frac{b}{a+b}, \frac{c}{b+c}\right) < \frac{\sqrt{5}-1}{2}$$

或者

$$\min\left(\frac{b}{a}, \frac{c}{b}\right) < \left(\frac{2}{\sqrt{5}-1} - 1\right)^{-1} = \frac{\sqrt{5}+1}{2} = r$$

如果 $\dfrac{b}{a} < r$，那么证毕．

假设 $\dfrac{b}{a} \geqslant r$．这时

$$\frac{c}{b} < \frac{a+b}{b} = 1 + \frac{a}{b} \leqslant 1 + \frac{1}{r} = r$$

解法 2（高和角平分线）　我们考察两种情况：

(1) $b \leqslant \dfrac{\sqrt{5}-1}{2} c$．

设 CH 是从顶点 C 引的高. 我们沿着 CH 折叠纸片(图 4). 则我们只要证明

$$S_{\triangle AHC} < \frac{\sqrt{5}-1}{2}$$

因为 $AB \cdot HC = 2$, 所以

$$S_{\triangle AHC} = \frac{HC \cdot HA}{2} < \frac{HC \cdot AC}{2} \leqslant \frac{HC}{2} \cdot \frac{\sqrt{5}-1}{2}$$

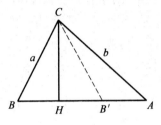

图 4

$(2) b > \dfrac{\sqrt{5}-1}{2} c.$

设 AD 是 $\angle A$ 的平分线(图 5). 我们沿着 AD 折叠 $\triangle ABC$, 因为点 C' 在边 AB 上, 所以我们只要考察 $\triangle ABD$ 即可. 我们有

$$S_{\triangle ABD} = \frac{S_{\triangle ABD}}{S_{\triangle ABC}} = \frac{BD}{BC}$$

因为 $\dfrac{CD}{BD} = \dfrac{b}{c}$, 所以

$$\frac{BC}{BD} = \frac{BD + CD}{BD}$$

$$= 1 + \frac{b}{c}$$

$$> 1 + \frac{\sqrt{5}-1}{2}$$

$$= \frac{\sqrt{5}+1}{2}$$

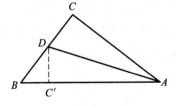

图 5

也就是说

$$S_{\triangle ABD} = \frac{BD}{BC} < \frac{2}{\sqrt{5}+1} = \frac{\sqrt{5}-1}{2}$$

自然产生了这样的问题:本题中的最佳估计是多少? 答:是 $2-\sqrt{2}$.

下一问题有趣的是,其中代数和几何是交错的.

问题 6(根式之和)　试证明:对于任意正数 a,b,c 成立不等式

$$\sqrt{a^2+ab+b^2} + \sqrt{b^2+bc+c^2} + \sqrt{c^2+ca+a^2} \geqslant 3\sqrt{ab+bc+ca}$$

解法 1(三个不等式之和)　首先

$$\sqrt{a^2+ab+b^2} \geqslant \frac{\sqrt{3}}{2}(a+b)$$

事实上,不等式两边平方,移项到左边,得 $(a-b)^2 \geqslant 0$.类似地

$$\sqrt{b^2+bc+c^2} \geqslant \frac{\sqrt{3}}{2}(b+c)$$

$$\sqrt{c^2+ca+a^2} \geqslant \frac{\sqrt{3}}{2}(c+a)$$

把这三个不等式相加,得

$$\sqrt{a^2+ab+b^2} + \sqrt{b^2+bc+c^2} + \sqrt{c^2+ca+a^2} \geqslant \sqrt{3}(a+b+c)$$

剩下证明

$$\sqrt{3}(a+b+c) \geqslant 3\sqrt{ab+bc+ca}$$

将不等式两边平方,约去 3 且两边再乘以 2,然后把所有的项移向左边,得

$$(a-b)^2 + (b-c)^2 + (c-a)^2 \geqslant 0$$

解法 2(算术平均和几何平均)　我们来证明

$$\prod (a^2+ab+b^2) \geqslant (ab+bc+ca)^3 \tag{1}$$

从这个不等式,根据算术－几何平均值不等式,得

$$\left(\frac{1}{3}\sum \sqrt{a^2+ab+b^2}\right)^3$$

$$\geqslant \prod \sqrt{a^2+ab+b^2} \geqslant (\sqrt{ab+bc+ca})^3$$

并且和与积关于 a,b,c 是循环的.在不等式(1)中打开括号,得

$$\sum a^4bc + \sum a^4b^2 + 2\sum a^3b^2c + \sum a^3b^3 + 3a^2b^2c^2$$

$$\geqslant \sum a^3b^3 + 3\sum a^3b^2c + 6a^2b^2c^2$$

或者

$$\sum a^4bc + \sum a^4b^2 \geqslant \sum a^3b^2c + 3a^2b^2c^2$$

再次利用算术－几何平均值不等式,有

$$\sum a^4 bc \geqslant 3 \sum \sqrt{a^6 b^6 c^6} = 3a^2 b^2 c^2$$

于是,剩下证明

$$\sum a^4 b^2 \geqslant \sum a^3 b^2 c$$

而

$$2\left(\sum a^4 b^2 - \sum a^3 b^2 c\right) = \sum (a^2 b - b^2 c)^2 \geqslant 0$$

备注 利用霍尔德不等式,不等式(1)能够证得更简短,即

$$ab + bc + ca = (ab)^{\frac{1}{3}} (b^2)^{\frac{1}{3}} (a^2)^{\frac{1}{3}} + (b^2)^{\frac{1}{3}} (bc)^{\frac{1}{3}} (c^2)^{\frac{1}{3}} + (a^2)^{\frac{1}{3}} (c^2)^{\frac{1}{3}} (ac)^{\frac{1}{3}}$$

$$\leqslant (ab + b^2 + a^2)^{\frac{1}{3}} (b^2 + bc + c^2)^{\frac{1}{3}} (a^2 + c^2 + ac)^{\frac{1}{3}}$$

$$= \prod (a^2 + ab + b^2)^{\frac{1}{3}}$$

解法 3(三角形的面积) 我们来证明更一般的不等式.

如果 $\alpha, \beta, \gamma > 0, \alpha + \beta + \gamma = 2\pi$,那么

$$\sum \sqrt{a^2 - 2ab\cos\gamma + b^2} \geqslant \sqrt{6\sqrt{3} \mid \sum ab\sin\gamma \mid} \qquad (2)$$

设 P 是平面上一点. 考察 $\triangle ABC$,其三个顶点到 P 的距离是 a, b, c,线段 PA, PB, PC 之间所成的角为 α, β, γ(图 6).

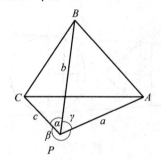

图 6

这时

$$AB = \sqrt{a^2 - 2ab\cos\gamma + b^2}$$

等等.

已知,周长给定的三角形中,正三角形有最大的面积,所以

$$p \geqslant 2\sqrt{3\sqrt{3}\,S} \qquad (3)$$

这里 p 是 $\triangle ABC$ 的周长,而 S 是面积.

因为

$$S = \frac{1}{2} \mid \sum ab\sin\gamma \mid$$

所以由不等式(3)得到不等式(2).

下题将漂亮的结果与优美的解答相结合.

问题7(两个圆的切线) 作两个圆的四条公切线,如图7所示,切点用弦来联结(这些弦平行,因为它们都垂直于两圆的连心线).试证明:$d_1 = d_2$.

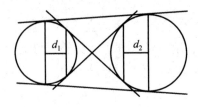

图 7

解答(切线的线段) 由图8,有

$$2BC + CD = AB + BD = AB + BH$$
$$= GE + EF = EC + EF$$
$$= 2ED + CD$$

所以,$BC = ED$,也就是说 $AB = EF = IH$. 由这些等式得,$a_1 = a_2, b_1 = b_2$. 因此

$$d_1 = a_1 + b_1 = a_2 + b_2 = d_2$$

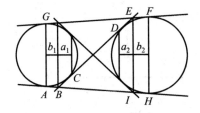

图 8

下面一题当然不能说是鲜见的.但是我给不出漂亮的解答不甘休.

问题8(二重和) 试证明:对于任意实数 $a_1, a_2, \cdots, a_n$ 成立不等式

$$\sum_{i=1}^{n} \sum_{j=1}^{n} \frac{a_i a_j}{i+j} \geqslant 0$$

解答(积分) 考察多项式

$$p(x) = \sum_{i=1}^{n} \sum_{j=1}^{n} a_i a_j x^{i+j-1}$$

这时对于所有实数 x

$$xp(x) = \sum_{i=1}^{n} \sum_{j=1}^{n} a_i a_j x^{i+j}$$

$$= \left(\sum_{i=1}^{n} a_i x^j \right) \left(\sum_{j=1}^{n} a_j x^j \right)$$

$$= \left(\sum_{i=1}^{n} a_i x^i \right)^2 \geqslant 0.$$

特别地,当 $0 \leqslant x \leqslant 1$ 时,$p(x) \geqslant 0$. 所以

$$0 \leqslant \int_0^1 p(x) \mathrm{d}x$$

$$= \sum_{i=1}^{n} \sum_{j=1}^{n} \frac{a_i a_j}{i+j} x^{i+j} \bigg|_0^1$$

$$= \sum_{i=1}^{n} \sum_{j=1}^{n} \frac{a_i a_j}{i+j}$$

不等式是严格的,除非 $xp(x) \equiv 0$,即 $a_1 = a_2 = \cdots = a_n = 0$.

问题 9(四个圆) 在图 9 中,点 A 和 B 是两个大圆的圆心. 从点 C 和 D 引切线. 试证明:两个小的内切圆半径相等.

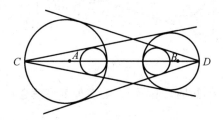

图 9

解法 1(相似) 设 R_a 和 R_b 是两个大圆的半径,r_a 和 r_b 是两个小圆的半径. 因为 $\triangle CEI \backsim \triangle CHB$(图 10),所以

$$r_a = \frac{2R_a R_b}{2R_a + 2R_b + l}$$

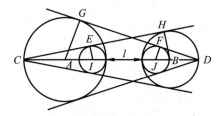

图 10

因为 $\triangle DFJ \backsim \triangle DGA$,所以

$$r_b = \frac{2R_a R_b}{2R_a + 2R_b + l}$$

解法 2(相似) 因为在两个相似三角形 $\triangle CC_1C_2$ 和 $\triangle CC'_1C'_2$ 中(图 11),

它们的内切圆半径正比于高,所以

$$\frac{R_b}{r_a} = \frac{CD}{CE}$$

或者

$$r_a = \frac{CE \cdot R_b}{CD} = \frac{2R_b R_a}{CD}$$

类似地,对于 $\triangle DD_1 D_2$ 和 $\triangle DD'_1 D'_2$ 我们有

$$r_b = \frac{DF \cdot R_a}{CD} = \frac{2R_b R_a}{CD}$$

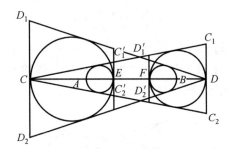

图 11

下面一题是大家所熟知的,但是诱人的多种解答使它在十道妙题中取得一席.

问题 10(等角) 在 $\triangle ABC$ 中,点 N, L, M 依次位于边 AC 上,它们分别是引自顶点 B 的高,角平分线和中线的端点.已知,$\angle ABN = \angle NBL = \angle LBM = \angle MBC$,求 $\triangle ABC$ 的各角.

解法 1(正弦定理) 令 $\alpha = \angle ABN$(图 12),这时

$$\angle BAC = \frac{\pi}{2} - \alpha$$

$$\angle BCA = \frac{\pi}{2} - 3\alpha$$

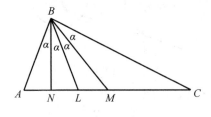

图 12

根据正弦定理,我们有

$$BM = \frac{AM \sin\left(\frac{\pi}{2} - \alpha\right)}{\sin 3\alpha} = \frac{AM \cos \alpha}{\sin 3\alpha}$$

$$BM = \frac{CM \sin\left(\frac{\pi}{2} - 3\alpha\right)}{\sin \alpha} = \frac{CM \cos 3\alpha}{\sin \alpha}$$

因为 $AM = CM$,所以

$$\frac{\cos \alpha}{\sin 3\alpha} = \frac{\cos 3\alpha}{\sin \alpha}$$

由此得,$\sin \alpha \cdot \cos \alpha = \sin 3\alpha \cdot \cos 3\alpha$,或者 $\sin 2\alpha = \sin 6\alpha$.

因为 $0 < \alpha < \frac{\pi}{4}$,所以,$\alpha = \frac{\pi}{8}$. 因此 $\angle BAC = \frac{3\pi}{8}$,$\angle ABC = \frac{\pi}{2}$,$\angle BCA = \frac{\pi}{8}$.

解法 2(外接圆) 设 O 是 $\triangle ABC$ 外接圆的圆心,而 BD 是这个圆的直径. 因为 $\angle BAC = \angle BDC$,所以 $\angle ABN = \angle CBO$. 所以,射线 BM 和 BO 重合. 如果 $O \neq M$,那么由于线段 OM 垂直于 AC,在这种情况下,中线 BM 与高 BN 重合,这与题设条件矛盾. 于是,$O = M$,$\angle ABC$ 是直角. 而这时 $\angle ABN = \frac{\pi}{8}$,$\angle BAC = \frac{3}{8}\pi$,$\angle BCA = \frac{\pi}{8}$.

解法 3(两条直径) 过点 A, B, L 作一圆(图 13). 这个圆的圆心 O 在射线 BN 上. 设 BE 是这个圆的直径,D 是圆与边 BC 的交点. 因为

$$\angle BAD = \angle BED = \frac{\pi}{2} - 3\alpha = \angle BCA$$

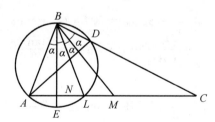

图 13

所以 $\triangle DBA \backsim \triangle ABC$. 所以它们被从顶点 B 出发的三条直线以同样的方式分割. 因而线段 BE 与 AD 的交点 X 应该是线段 AD 的中点. 于是,直径 BE 平分弦 AD. 而这仅在两种情况下才可能:或者直径与弦垂直(这显然不符合我们的情况),或者弦本身就是直径并且交点是圆心. 因此,$\angle ABC = \frac{\pi}{2}$,$\alpha = \frac{\pi}{8}$.

解法 4(外接圆) 设 P 是射线 BL 与 $\triangle ABC$ 外接圆的交点(图 14). 于是点 P 是弧 $\overgroup{AC}$ 的中点. 所以 $MP \perp AC$,也就是说 $BN \parallel MP$. 从而

$$\angle MBP = \angle NBL = \angle MPB$$

因而 $MB = MP$. 于是, M 是线段 BP 和 AC 的垂直平分线的交点, 也就是说, M 是 $\triangle ABC$ 外接圆的圆心. 所以 AC 是直径且 $\angle ABC = \dfrac{\pi}{2}$.

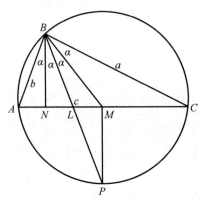

图 14

解法 5（面积）　对 $\triangle BML$ 运用正弦定理（见图 14）, 我们有

$$\frac{BM}{\sin(90° + \alpha)} = \frac{BL}{\sin(90° - 2\alpha)} = \frac{c}{\cos 2\alpha}$$

所以

$$BM = \frac{c\cos\alpha}{\cos 2\alpha}$$

于是

$$S_{\triangle ABC} = 2 \cdot S_{\triangle BMC} = BM \cdot BC \cdot \sin\alpha$$

$$= \frac{c\cos\alpha}{\cos 2\alpha} \cdot a \cdot \sin\alpha = \frac{ac\tan 2\alpha}{2}$$

另一方面

$$S_{\triangle ABC} = \frac{1}{2}AB \cdot BC \cdot \sin 4\alpha = \frac{ac\sin 4\alpha}{2}$$

因而

$$\frac{\sin 2\alpha}{\cos 2\alpha} = \tan 2\alpha = \sin 4\alpha = 2\sin 2\alpha\cos 2\alpha$$

由此得 $\cos^2 2\alpha = \dfrac{1}{2}$, 也就是说

$$\cos 4\alpha = 2\cos^2 2\alpha - 1 = 0$$

所以 $4\alpha = \dfrac{\pi}{2}$, $\alpha = \dfrac{\pi}{8}$.

最后本人衷心感谢德国数学家依沃阿先姆·祖克 —— 由于他我才熟悉用

于写作本内容的材料.

（库尔良德奇克,《量子》1992 年第 2 期.）

❖ 一个问题的九种解法

问题　在等腰 $\triangle ABC$ 中，$\angle BAC = 20°$，$AC = AB$。在边 AC 和 AB 上分别取点 D 和 E，使得 $\angle ECB = 50°$，$\angle DBC = 60°$。求 $\angle EDB$。

解法1　作 $DF \parallel BC$（图1）。设 CF 与 BD 交于点 G。因为 $\triangle BCG$ 为正三角形，所以 $BG = BC$。因为 $\triangle CBE$ 为等腰三角形，所以 $BE = BC$。因而 $\triangle BEG$ 为等腰三角形，$\angle BGE = 80°$，$\angle FGE = 40°$。因为 $\angle EFG = 40°$，所以 $\triangle EFG$ 亦为等腰三角形，所以 $FE = GE$。又 $DF = DG$。所以 $\triangle FDE \cong \triangle GDE$，直线 DE 平分 $\angle FDG$，则 $\angle EDB = 30°$。

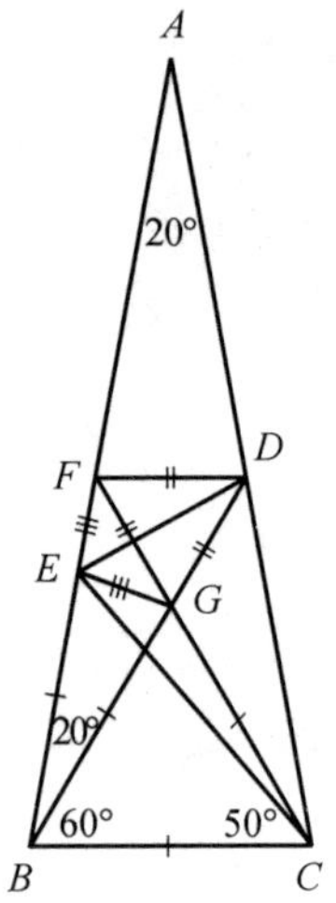

解法2　设 $\angle EDB = x$，则 $\angle BED = 160° - x$。

在 $\triangle BED$ 中，由正弦定理知

$$\frac{BE}{BD} = \frac{\sin(160° - x)}{\sin x}$$

而由 $\triangle BCD$ 得

$$\frac{BD}{BC} = \frac{\sin 80°}{\sin 40°} = 2\cos 40°$$

因为 $\triangle BEC$ 是等腰三角形，所以 $BE = BC$。故

$$\frac{\sin(160° - x)}{\sin x} = 2\cos 40°$$

$$\Rightarrow \sin(20° + x) = 2\cos 40° \sin x = 2\cos(60° - 20°)\sin x$$

$$\Rightarrow \sin 20° \cos x + \cos 20° \sin x = (\cos 20° + \sqrt{3}\sin 20°)\sin x$$

$$\Rightarrow \sin 20° \cos x = \sqrt{3}\sin 20° \sin x$$

$$\Rightarrow \cot x = \sqrt{3}, \; x = 30°$$

解法3　作平行四边形 $BCDH$（$BH \parallel CD$，$DH \parallel CB$）（图2）。设 G 同解法1中的点，即正 $\triangle BCG$ 的顶点。这时：

(1) $CG = CB = BE$；

(2) $\angle GCD = 80° - 60° = 20° = 100° - 80°$，即等于 $\angle HBE$；

(3) $HB = CD$（作为平行四边形的两条对边）。

由于两边及夹角相等，所以，$\triangle HBE$ 与 $\triangle DCG$ 全等。由此得 $\angle BHE = $

图1

$\angle CDG = 40°$. 因而 $\angle DHE = 40°$,而 HE 为 $\angle H$ 的平分线. 又 BE 为 $\angle HBD$ 的平分线,所以 E 为 $\triangle BHD$ 内角平分线的交点,由此可得 $\angle EDH = \frac{1}{2} \angle BDH$,即 $30°$.

解法 4 在 AC 上取点 K,使得 $\angle KBC = 20°$(图 3). 因为 $\angle BCK = 80°$,所以 $\angle BKC = 180° - 80° - 20° = 80°$,即 $BK = BC$. 根据解法 3,由 $\triangle BEC$ 得 $BE = BC$. 因而 $BE = BK$. 因为 $\angle KBE = 60°$,所以 $\triangle EBK$ 为正三角形,从而 $EK = BK$. 在 $\triangle BKD$ 中,$\angle KBD = 40°$,即等于 $\angle BDK$,则 $KD = KB$,因而 K 是 $\triangle BED$ 外接圆的圆心. $\angle EDB$ 是圆周角,它等于圆心角 $\angle EKB$ 的一半,即 $30°$.

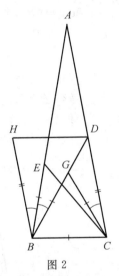

图 2

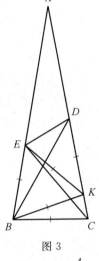

图 3

解法 5 设 O 为 $\triangle EDC$ 外接圆的圆心(图 4). 因为圆周角 $\angle ECD = 30°$,所以圆心角 $\angle EOD = 60°$,由此得 $\triangle EOD$ 为正三角形. 又 $\triangle EOC$ 及 $\triangle EBC$ 均为等腰三角形,则 BO 为 $\angle B$ 的平分线. 此时对于 $\triangle BOD$ 和 $\triangle BED$,有 $ED = OD$,$\angle OBD = 60° - 40° = 20°$,即等于 $\angle EBD$,又 BD 为公共边,因而两个三角形全等,于是 $\angle EDB = \angle ODB = \frac{1}{2} \angle ODE$,也就是 $30°$.

(补充说明:因为我们知道 $\angle BDO$ 和 $\angle BDE$ 小于 $60°$,为锐角,所以可以用"两边一

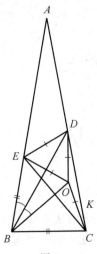

图 4

对角相等"的三角形全等的判别方法.)

解法 6　在 $\angle B$ 的平分线上取点 M,使得 $\angle ACM = 30°$(图 5).因为 $BC = BE$,所以 BM 垂直平分 EC,即 $EM = MC$.由 M 的选取知,$\angle ECM = 60°$,即 $\triangle ECM$ 是正三角形,CD 是 EM 的垂直平分线.此外,由解法 5 知,BD 为 $\angle MBE$ 的平分线,D 为角平分线与边的垂直平分线的交点.所以 D 在 $\triangle MBE$ 的外接圆上.由此得 $\angle EDB = \angle EMB$(作为同弧上的圆周角而相等),即 $\angle EDB = \dfrac{60°}{2} = 30°$.

解法 7　如图 6,作 B_1 为点 B 关于 AC 的对称点,C_1 为点 C 关于 AB 的对称点.$\angle AC_1E = \angle ACE = 30°$,因为 $\angle C_1AB_1 = 60°$ 且 $AC_1 = AB_1$,所以 C_1E 垂直平分 AB_1.由 $\angle BAC = \angle ABD$,得 $DA = DB = DB_1$,D 同样位于 AB_1 的垂直平分线,即 C_1E 上.此时 $\angle EDB = 180° - 50° - 20° - 80° = 30°$.

解法 8　设 T 为 $\angle B$ 的平分线与 AC 的交点(图 7),此时 $\angle BTC = 60°$,因为 $BE = BC$,所以 $\triangle BTE \cong \triangle BTC$,故 $\angle BTE = 60°$.考察 $\triangle BTE$,点 D 位于此三角形内角 $\angle EBT$ 的平分线上,并且位于 $\angle BTE$ 的外角平分线上.所以 D 为 $\triangle BCE$ 的一个旁切圆的圆心.由此得,DE 也在 $\angle BEC$ 的外角平分线上.$\angle CET = 30°$,所以,$\angle BET = 80°$,$\angle DET = \dfrac{180° - 80°}{2} = 50°$,$\angle BDE = 180° - 20° - 80° - 50° = 30°$.

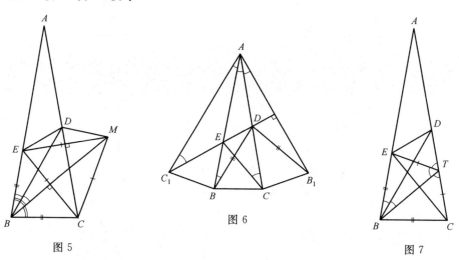

图 5　　　　　图 6　　　　　图 7

第九个解法在哪里?请你想一想并找到它.

九年级的中学生谢·尤林提出下面的问题,留给读者作为练习.

在等腰 $\triangle ABC(AB = AC)$ 中,$\angle A = 20°$.在边 AC 上取点 D,使得 $AD =$

BC. 求 $\angle DBC$.

（K. 克诺普,《量子》1993 年第 11-12 期.）

译者注 上述问题是所谓的兰利(Langley)问题,它发表于 1922 年(文献 [1]). 这个问题的历史很久远,比如它在 1916 年剑桥学院的一次奖学金考试中出现过. 对于这个问题的讨论和研究,一般着眼于一题多解. 文献[2]讨论了一类更广泛的问题,提出了所谓的巧合角的概念. 在图 8 所示的等腰 $\triangle ABC$ 中 $(AB = AC)$,反复利用正弦定理,得到了一个关联角 θ 与 a,b,c 的公式,即

$$\tan \theta = \frac{\sin(b+c)\sin c(\cos a + \cos 2b)}{\sin b(\cos a + \cos 2c) + \cos(b+c)\sin c(\cos a + \cos 2b)}$$

这是一个三角不定方程,它的整数解(整数角度)$\{\theta,a,b,c\}$ 称为巧合角.

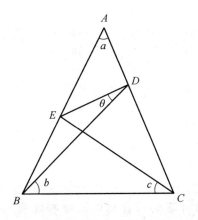

图 8

文中提到了 53 组巧合角(用数值方法),如表 1 所示. 其中 33 组用几何方法得到了证明,而这 33 组中对于 $a = 20°$ 的就有 8 组,包括兰利问题($a = 20°,b = 60°,c = 50°,\theta = 30°$).

表 1

a	b	c	θ	a	b	c	θ
4	46	4	2	4	46	44	42
8	47	8	4	8	47	43	39
12	42	18	12	12	42	30	24
12	48	12	6	12	48	42	36
12	57	33	15	12	57	42	24
12	66	42	12	12	66	54	24

续表 1

a	b	c	θ	a	b	c	θ
12	69	21	3	12	69	66	48
12	72	42	6	12	72	66	30
16	49	16	8	16	49	41	33
20	50	20	10	20	50	40	30
20	60	30	10	20	60	50	30
20	65	25	5	20	65	60	40
20	70	50	10	20	70	60	20
24	51	24	12	24	51	39	27
28	52	28	14	28	52	38	24
32	53	32	16	32	53	37	21
36	54	36	18				
40	55	35	15	40	55	40	20
44	56	34	12	44	56	44	22
48	57	33	9	48	57	48	24
52	58	32	6	52	58	52	26
56	59	31	3	56	59	56	28
72	39	21	12	72	39	27	18
72	42	24	12	72	42	30	18
72	48	24	6	72	48	42	24
72	51	39	9	72	51	42	12
120	24	12	6	120	24	18	12

　　有兴趣的读者不妨对这些巧合角做验证和证明,或者发现自己的巧合角! 顺便指出,这个关联巧合角的公式允许构造不少特殊角之间的三角等式,而这些三角等式的直接证明也是验证这些巧合角的方法之一.

　　文献[2]还讨论了四边形的巧合角问题(解除了等腰三角形这个限制条件).关于上述两类问题(等腰三角形和四边形)的各类讨论,请参看参考文献.

　　齐藤浩史(Hiroshi Saito)的《关于兰利问题》(京都:现代数学社,2009)一书是研究兰利问题的专著,得到了几千个巧合角组(奇书也!).该书开篇提出了十个被作者认为是具有挑战性的问题,现转引如下,供有兴趣的读者探讨(图9 ～ 图18).

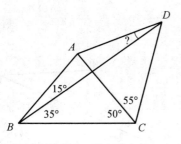

图 9　问题 1　$Q(15,35,50,55)$

难度:★

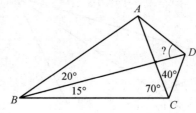

图 10　问题 2　$Q(20,15,70,40)$

难度:★★

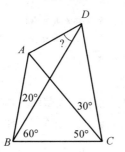

图 11　问题 3　$Q(20,60,50,30)$

难度:★★★

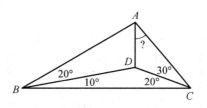

图 12　问题 4　$T(20,10,20,30)$

难度:★★★

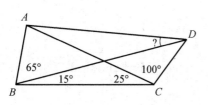

图 13　问题 5　$Q(65,15,25,100)$

难度:★★★★

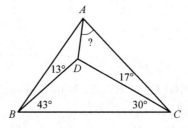

图 14　问题 6　$T(13,43,30,17)$

难度:★★★★★

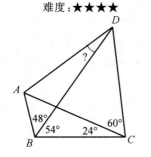

图 15　问题 7　$Q(48,54,24,60)$

难度:★★★★★★

图 16　问题 8　$T(3,48,66,15)$

难度:★★★★★★★

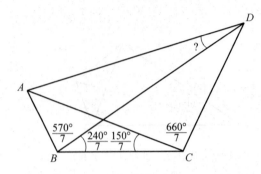

图 17　问题 9　$Q\left(\dfrac{570}{7},\dfrac{240}{7},\dfrac{150}{7},\dfrac{660}{7}\right)$

难度：★★★★★★★

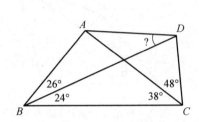

图 18　问题 10　(26,24,38,48)

难度：★★★★★★★★★★★★★★★

★★★★★★★★★★★★★★★★

★★★……

答案

问题 1. $\angle ADB=15°$，问题 2. $\angle ADB=55°$，问题 3. $\angle ADB=30°$，

问题 4. $\angle CAD=40°$，问题 5. $\angle ADB=20°$，问题 6. $\angle CAD=51°$，

问题 7. $\angle ADB=18°$，问题 8. $\angle CAD=39°$，问题 9. $\angle ADB=\dfrac{120°}{7}$，

问题 10. $\angle ADB=28°$．

参考文献

[1]LANGLEY　E　M. Note　644[J]. The　Mathematical　Gazette,XI,
　　1922(160):173.

[2]TRIPP　C　E. Adventitious　Angles[J]. The　Mathematical　Gazette,1975,
　　59(408):98-106.

[3]DIAMOND　R　A,GEORGIOU　G　A. The　Triangles　and　Quadrilaterals
　　Rerisited,Part Ⅱ[J]. Mathematics in School,2001,30(1):11-13.

[4]RIGBY　J. F. Adventitious　Quadrangles:A　Geometric　Approach[J]. The
　　Mathematical　Gazette,1978,62(421):183-191.

❖三角形是单值确定的吗?

我们将研究这样的问题:根据三角形的已知元素 —— 三条高,三条中线或者三条角平分线来恢复三角形.

所提的问题实际上能够分割成两个问题:

(1) 三角形是否能由已知元素确定(即所考察的问题是否至少存在一个解);

(2) 如果问题的解存在,那么它是否唯一(三角形是否单值确定)?

我们知道,三角形被自己的三条边单值确定(这是所谓的三角形全等的第三判别法,参见文献[1]第39页).但是,任意给定边长,我们也许不能够得到三角形(请试试看,求作边长是 1 cm,2 cm 和 5 cm 的三角形).并且不能用所有已知的元素来单值地恢复三角形.例如,已知边 AB,这条边上的高 h 和三角形的外接圆半径 R,我们能得到两个不同的三角形 $\triangle ACB$ 和 $\triangle ADB$(图1).

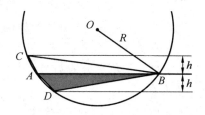

图 1

一、三角形是被自己的三条高单值确定的吗?

记 a,b,c 是三角形三边之长,h_a,h_b,h_c 是相应的边上的高之长,S 是三角形的面积.为方便起见也记 $\eta_a = \dfrac{1}{h_a}$,$\eta_b = \dfrac{1}{h_b}$,$\eta_c = \dfrac{1}{h_c}$.

因为

$$S = \frac{ah_a}{2} = \frac{bh_b}{2} = \frac{ch_c}{2} \tag{1}$$

所以

$$a : b : c = \eta_a : \eta_b : \eta_c \tag{2}$$

由式(2)可得出结论:以 h_a,h_b,h_c 为高的三角形存在,如果以长为 η_a,η_b,η_c 的线段能够构成一个三角形.换言之,量 η_a,η_b,η_c 像边长 a,b,c 那样应该满足三角形不等式.

二、三角形是被自己的三条中线单值确定的吗?

在中学几何教科书(参见文献[1]第 212 页,问题 788)中证明了,任意三角形的三条中线能够构成一个三角形. 所以,如果具有已知中线长 m_a, m_b, m_c 的三角形存在,那么量 m_a, m_b, m_c 应该满足不等式组

$$m_a + m_b > m_c$$
$$m_b + m_c > m_a \qquad\qquad (3)$$
$$m_c + m_a > m_b$$

为了研究由三条中线确定三角形的单值性这个问题,利用三角形的中线与它的边 a, b, c 之间的关系式是方便的

$$2m_a^2 = 2(b^2 + c^2) - a^2$$
$$2m_b^2 = 2(c^2 + a^2) - b^2 \qquad\qquad (4)$$
$$2m_c^2 = 2(a^2 + b^2) - c^2$$

三、三角形是被自己的三条角平分线单值确定的吗?

首先假定,具有某些已知长度的三条角平分线的三角形是存在的. 在这种情况下,我们来证明,三角形被自己的三条角平分线单值确定. 也就是证明下列三角形全等的判据.

定理 1　如果一个三角形的三条角平分线与另一个三角形的三条角平分线对应相等,那个这两个三角形全等.

证明　设两个三角形 $\triangle_1$ 和 $\triangle_2$ 的三条角平分线对应相等. 我们称这两个三角形相等的角平分线所在的边为对应边. 现只要考察两种情况:

(1) 一个三角形所有的边不小于另一个三角形的对应边;

(2) 恰有一个三角形的一条边小于另一个三角形的对应边.

考察情况(1).

如果两个三角形所有的对应边相等,那么根据三角形全等的第三判别法这两个三角形全等.

假设,两个三角形有不相等的对应边. 首先指出,两个三角形不能以异于 1 的相似比相似. 在相反的情况下,一个三角形的角平分线大于另一个的相应的角平分线,所以两个三角形有不相等的角. 不失一般性将认为,三角形 $\triangle_1$ 的边不小于三角形 $\triangle_2$ 的对应边. 因为三角形 $\triangle_1$ 和 $\triangle_2$ 有不相等的角,那么在三角形 $\triangle_1$ 中找得到角 φ_1,它小于三角形 $\triangle_2$ 中的对应角 φ_2. 如果在三角形 $\triangle_1$ 中角 φ_1 的两条夹边是 p_1, q_1,而在三角形 $\triangle_2$ 中角 φ_2 的两条夹边是 p_2, q_2,那么对于这两个角的平分线之长 l_1, l_2,我们有

$$l_1 = \frac{2\cos\frac{\varphi_1}{2}}{\frac{1}{p_1} + \frac{1}{q_1}}, l_2 = \frac{2\cos\frac{\varphi_2}{2}}{\frac{1}{p_2} + \frac{1}{q_2}} \tag{5}$$

这里我们利用了公式

$$l = \frac{2\cos\frac{\varphi}{2}}{\frac{1}{p} + \frac{1}{q}} \tag{6}$$

其中 l 是角 φ 的平分线之长,而 p 和 q 是角 φ 的两条夹边.

我们回到关系式(5).因为 $\varphi_2 > \varphi_1, p_2 \leqslant p_1, q_2 \leqslant q_1$,那么 $l_2 < l_1$,矛盾.

这样,在所考察的情况中两个三角形只能有相等的对应边.

考察情况(2).

不失一般性能够认为,三角形 $\triangle_1$ 的边 a_1, b_1, c_1 与三角形 $\triangle_2$ 的边 a_2, b_2, c_2 对应,并且

$$a_1 < a_2, b_1 \geqslant b_2, c_1 \geqslant c_2 \tag{7}$$

利用另一个关联三角形角平分线的长与边长的公式,我们有

$$l_{a_1}^2 = b_1 c_1 \left(1 - \frac{a_1^2}{(b_1 + c_1)^2}\right)$$
$$l_{a_2}^2 = b_2 c_2 \left(1 - \frac{a_2^2}{(b_2 + c_2)^2}\right) \tag{8}$$

考虑到不等式(7),由式(8)得到 $l_{a_2}^2 < l_{a_1}^2$,矛盾.

根据三条角平分线相等的两个三角形全等的判据得到证明.

注 上面我们已经证明了三角形全等的其他判据.总结所有结果,我们做出结论,两个三角形全等,如果它们有:

(1)三条相等的高.

(2)三条相等的中线.

(3)三条相等的角平分线.

四、是否存在具有已知三条角平分线的三角形?

下述问题现在还不清楚.是否存在三角形,它的三条角平分线之长等于预先给定的正数 l_a, l_b, l_c?我们是否应该对这些数添加某些限制,正如在高和中线的情况中已经做的那样?事实上,对于任意正数 l_a, l_b, l_c,这样的三角形是存在的.

这个问题有较长的历史,最早的结果之一属于 H. 勃罗卡(1845—1922),此问题汲取了之前数学家的智慧.勃罗卡于 1875 年发表了结果.1994 年,两位罗马尼亚数学家在《美国数学月刊》杂志上给出了基于布劳威尔不动点理论的解

答. (MIRORESCU P,PANAITOPOL L. The existence of a triangle with prescribed angle bisector lengths[J]. Amer. Math. Monthly,1994(101)：58-60. — 译者注)

下面我们给出高中生能够理解的解答,尽管此解答要求对数学分析的某些事实有完整的了解.

定理 2 对于任意正数 l_a,l_b,l_c,存在唯一的三角形,它的三条角平分线之长等于 l_a,l_b,l_c.

证明 任意三角形的角平分线和边 a,b,c 之间存在关系式

$$l_a^2 = bc\left(1 - \frac{a^2}{(b+c)^2}\right)$$

$$l_b^2 = ac\left(1 - \frac{b^2}{(a+c)^2}\right) \tag{9}$$

$$l_c^2 = ab\left(1 - \frac{c^2}{(a+b)^2}\right)$$

引入辅助变量 ξ,η,ζ,p,记

$$p = a + b + c$$

$$\xi = \frac{a}{p},\eta = \frac{b}{p},\zeta = \frac{c}{p} \tag{10}$$

我们把等式(9)改写成

$$\frac{l_a^2(1-\xi)^2\xi}{1-2\xi} = p^2\eta\zeta\xi$$

$$\frac{l_b^2(1-\eta)^2\eta}{1-2\eta} = p^2\eta\zeta\xi \tag{11}$$

$$\frac{l_c^2(1-\zeta)^2\zeta}{1-2\zeta} = p^2\eta\zeta\xi$$

我们发现,实函数 $\varphi = \frac{(1-x)^2 x}{1-2x}$ 在区间 $x \in \left(0,\frac{1}{2}\right)$ 中是连续的和单调递增的. 此可由导数

$$\varphi'(x) = \frac{(1-x)(4x^2 - 3x + 1)}{(1-2x)^2}$$

在所指的区间中是正的得到. 于是,φ 的反函数 f 也是连续的和递增的.

现在等式(11)能够改写如下

$$\xi = f\left(\frac{t}{l_a^2}\right)$$

$$\eta = f\left(\frac{t}{l_b^2}\right) \tag{12}$$

$$\zeta = f\left(\frac{t}{l_c^2}\right)$$

这里 $t = p^2 \eta \zeta \xi$. 因为

$$\xi + \eta + \zeta = \frac{a}{p} + \frac{b}{p} + \frac{c}{p} = \frac{a+b+c}{p} = 1$$

所以得到方程

$$f\left(\frac{t}{l_a^2}\right) + f\left(\frac{t}{l_b^2}\right) + f\left(\frac{t}{l_c^2}\right) = 1$$

的左边是递增函数,当 $t \to 0$ 时,其趋于 0,而当 $t \to \infty$ 时,其趋于 $\frac{3}{2}$. 因而,方程的解 $t = t_0$ 存在且唯一.

当知道 $t = t_0$,我们从式(12)求 ξ_0,η_0 和 ζ_0,然后从关系式 $p = \sqrt{\dfrac{t}{\eta \zeta \xi}}$ 求 p_0,最后得到

$$a_0 = \xi_0 p_0, b_0 = \eta_0 p_0, c_0 = \zeta_0 p_0$$

这样,根据角平分线之长 l_a, l_b, l_c,三角形的边长单值确定. 定理证毕.

在这里读者没有碰到传统的问题:"已知三条角平分线求作三角形". 仅用经典的工具 —— 没有刻度的直尺和圆规就完成这样的作法是不可能的. 在 1896 年,P. 巴尔巴林已经证明了这一点. 关于这个事实的证明,请参看尤·依·马宁的文章(文献[2]).

练 习 题

1.试证明:如果关系式(2)成立,那么不等式组

$$a + b > c$$
$$b + c > a$$
$$c + a > b \tag{13}$$

等价于不等式组

$$\eta_a + \eta_b > \eta_c$$
$$\eta_b + \eta_c > \eta_a$$
$$\eta_c + \eta_a > \eta_b \tag{14}$$

2.试证明

$$S = ((\eta_a + \eta_b + \eta_c)(\eta_a + \eta_b - \eta_c)(\eta_b + \eta_c - \eta_a)(\eta_c + \eta_a - \eta_b))^{-\frac{1}{2}} \tag{15}$$

如果高长 h_a, h_b, h_c 满足不等式(14),那么三角形的面积 S 按公式(15)单值计算. 但在这种情况下等式(1)允许单值计算三角形边长 a, b, c.

3.三角形是被三个旁切圆半径 r_a,r_b,r_c 单值确定的吗(图 2)?

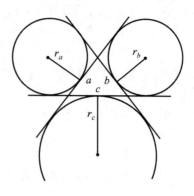

图 2

4.已知三条高 h_a,h_b,h_c,求作三角形.

5.试证明:如果三角形的中线之长 m_a,m_b,m_c 满足不等式(3),那么这个三角形的边 a,b,c,根据等式(4) 可被单值确定.

6.已知三条中线 m_a,m_b,m_c,求作三角形.

7.推导公式(6).

答案和提示

1.略.

2.提示:利用海伦公式.

3.旁切圆半径 r_a,r_b,r_c 对于任意正数 r_a,r_b,r_c 单值确定三角形.为了证明这个命题利用关系式

$$h_a = \frac{2r_b r_c}{r_b + r_c}, h_b = \frac{2r_c r_a}{r_c + r_a}, h_c = \frac{2r_a r_b}{r_a + r_b}$$

4.关系式(2) 能够写成等价的形式

$$a : b : c = h_b : h_a : \frac{h_a h_b}{h_c}$$

由此得到,以 h_b,h_a,$\frac{h_a h_b}{h_c}$ 为边的三角形相似于以 a,b,c 为对应边的三角形.这样作 $\triangle A'B'C'$,使得 $A'B' = \frac{h_a h_b}{h_c}$,$A'C' = h_b$,$C'A' = h_a$,从顶点 A' 引高 $A'D'$.在射线 $A'D'$ 上取线段 $A'D = h_a$,通过点 D 作 $B'C'$ 的平行线.它交直线 $A'B'$ 和 $A'C'$ 分别于点 B 和 C.$\triangle A'BC$ 就是要求作的三角形.

5. 先改写等式（4）成形式

$$a^2 = \frac{8}{9}m_b^2 + \frac{8}{9}m_c^2 - \frac{4}{9}m_a^2$$

$$b^2 = \frac{8}{9}m_a^2 + \frac{8}{9}m_c^2 - \frac{4}{9}m_b^2 \qquad (*)$$

$$c^2 = \frac{8}{9}m_b^2 + \frac{8}{9}m_a^2 - \frac{4}{9}m_c^2$$

进而我们指出，根据不等式 $\frac{x^2+y^2}{2} \geqslant \left(\frac{x+y}{2}\right)^2$，对于任意正数 x 和 y 成立，有 $\frac{m_1^2+m_2^2}{2} \geqslant \frac{(m_1+m_2)^2}{2}$，这里 m_1, m_2 是中线 $\{m_a, m_b, m_c\}$ 中的任意一对. 再利用不等式（3）确认，等式（*）的右边都是正数. 所以，方程（*）关于正数 a, b, c 的解是单值确定的.

6. 设在欲求的 $\triangle ABC$ 中，点 O 是中线的交点. 在中线 BB_1 的延长线上取线段 B_1M，等于 B_1O. 这时四边形 $AOCM$ 是平行四边形，其中 $MC = AO = \frac{2}{3}m_a$，$MO = \frac{2}{3}m_b, CO = \frac{2}{3}m_c$. 按三边作 $\triangle MOC$，在其中引中线 CB_1 并在它的延长线上取线段 $B_1A = CB_1$；在边 MO 的延长线上取线段 $OB = MO$. 由此作出欲求的三角形的顶点 A, B, C.

7. 提示：三角形的面积等于 $\frac{1}{2}pq\sin\varphi$，另一方面，它等于 $\frac{1}{2}pl\sin\frac{\varphi}{2} + \frac{1}{2}ql\sin\frac{\varphi}{2}$. 比较这两个表达式，考虑到 $\sin\varphi = 2\sin\frac{\varphi}{2}\cos\frac{\varphi}{2}$，由此得到欲求的结果.

（阿·茹科夫，依·阿库利奇，《量子》2003 年第 1 期.）

译者注

1. 关于"三条角平分线单值确定三角形"问题的纯几何证明，请参看文献[3].

2. 维·茹拉夫廖夫在"短论共轭中线"一文（《量子》2013 年 5-6 期）中用数学分析的方法证明了类似问题：

三角形被自己的三条共轭中线单值确定.

文章作者认为它的纯几何证明较难. 有兴趣的读者不妨一试：

征解问题   三条共轭中线对应相等的两个三角形全等.

参考文献

［1］柳·阿塔那香等.几何 7 － 9［M］.莫斯科:教育出版社,2001.

［2］尤·依·马宁.关于尺规作图问题的可解性［M］// 初等数学百科全书.第 4 卷.莫斯科:科学出版社,1961,205-227.

［3］V Oxman A purely geometric proof of the uniqueness of a triangle with prescribed angle bisectors［J］.Forum Geometricorum.2008,8:197-200.

❖ 正方形中的 $45°$ 角

我们从一道早已成为经典的题目开始.

问题 1 在正方形 $ABCD$ 的边 BC 和 CD 上分别取点 M 和 N，使得 $\angle MAN = 45°$（图 1）. 试证明：点 A 到直线 MN 的距离等于正方形的边长.

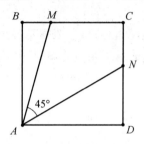

图 1

解法 1 作线段 MN 并引它的垂线 AE（图 2）.

作正方形的对角线 AC 并考察 $\triangle CMN$（图 2(a)）. 点 A 位于这个三角形 $\angle C$ 的平分线上，点 A 和 C 位于关于直线 MN 的不同的半平面上，而点 A 对于边 MN 的视角等于 $90° - \dfrac{1}{2}\angle C$. 唯一的点 —— $\triangle CMN$ 的旁心具有这个性质（详情请参看文章"旁切圆"，《量子》2009 年第 2 期）. 所以 $AE = AB = AD$（这个圆的半径）.

解法 2 如图 2(b) 那样放置正方形，考察以 A 为中心逆时针旋转 $90°$ 角. 顶点 B 将是顶点 D 的象，直线 DC 的象为垂直于它的直线 BC'，所以点 N'（点 N 的象）将位于线段 BC' 之上. 因为 $\angle NAN' = 90°$，所以 $\angle MAN' = \angle MAN$，也就是说，$\triangle AMN' \cong \triangle AMN$（根据两边一夹角）. 所以，它们对应的高相等，即 $AE = AB$.

解法 3 沿着直线 AM 和 AN "折叠" 正方形. 因为 $\angle BAM + \angle DAN = \angle MAN$，$AB = AD$，所以折叠后线段 AB 和 AD 重合（图 2(c)）. 此外，$\angle ABM = \angle ADN = 90°$，也就是说，顶点 B 和 D 经折叠后重合的点对线段 AM 和 AN 的视角是直角，而满足这个条件的点只有 E. 也就是说 $AE = AB = AD$.

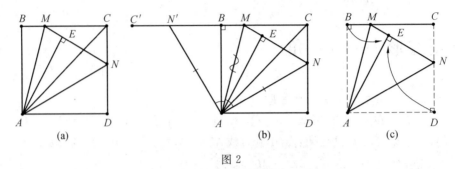

图 2

注　这个方法也称"黏合",它的科学依据是:对于两个相交的轴的两次对称的合成是一个旋转,其旋转的角度是以两轴在其交点所成的角的 2 倍. 在该种情况下说的是以 A 为中心的 $90°$ 角的旋转,它是关于直线 AM 和 AN 的对称的合成.

下面这个问题包含两个互逆的命题,它们描述了所考察的构图的另一个性质.

问题 2　(1) 在正方形 $ABCD$ 的边 BC 和 CD 上分别取点 M 和 N,使得 $\angle MAN = 45°$. 试证明:$\triangle MAN$ 的外接圆圆心在对角线 AC 上.

(2) 圆心在正方形 $ABCD$ 的对角线 AC 上的圆通过顶点 A,并且交边 BC 和 CD 于点 M 和 N,它们关于 AC 不对称. 试证明:$\angle MAN = 45°$.

解法 1　设 O 为该圆的圆心,这时 $OM = ON$(图 3(a)).

(1) 因为 $\angle MON = 2\angle MAN = 90°$,$\angle MCN = 90°$,所以四边形 $OMCN$ 是圆内接四边形. 这时由 $OM = ON$ 得,CO 是 $\angle MCN$ 的平分线,所以点 O 在 AC 上.

(2) 利用:三角形一边的垂直平分线与它的对角的角平分线相交于外接圆上(请证明!). 点 O 既在线段 MN 的垂直平分线上,也在 $\angle MCN$ 的平分线上,也就是说,它是 $\triangle CMN$ 的外接圆的弧 $\overparen{MN}$ 的中点. 因为 $\angle MCN = 90°$,所以 $\angle MON = 90°$,也就是说,$\angle MAN = 45°$.

解法 2　设 I 是 $\triangle CMN$ 的内切圆圆心(图 3(b)).

(1) 因为 A 是这个三角形的旁切圆圆心,所以 $\angle AMI = \angle ANI = 90°$,也就是说,点 M 和 N 在以 AI 为直径的圆上. 所以,$\triangle AMN$ 外接圆的圆心 O 是 AI 的中点,即位于 AC 上.

(2) 点 O 和 A 在 $\triangle CMN$ 中 $\angle C$ 的平分线上,$OM = ON = OA$,也就是说,A 是这个三角形的旁切圆圆心. 所以,$\angle MAN = 90° - \dfrac{1}{2}\angle MCN = 45°$.

解法 3　(1) 设 N' 是已知圆与边 BC 的第二个交点(图 3(c)). 因为四边形 $AMN'N$ 内接于圆,所以 $\angle CN'N = \angle MAN = 45°$. 这时,$AC$ 是线段 NN' 的垂直平分线,所以,所考察的圆的圆心 O 在 AC 上.

（2）正方形的对角线 AC 既是它的对称轴又是已知圆的对称轴，所以与 N 关于 AC 对称的点 N' 是圆与边 BC 的另一个交点（见图3(c)）。因为 $NN' \perp AC$，所以 $\angle CN'N = 45°$。四边形 $AMN'N$ 内接于圆，所以，$\angle MAN = \angle CN'N = 45°$。

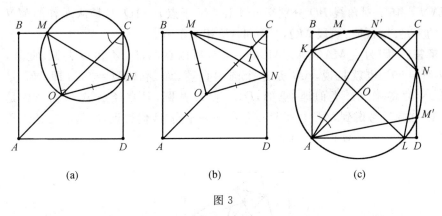

(a)　　　　　　(b)　　　　　　(c)

图 3

注　问题 2(1) 可利用三角形的外接圆圆心与垂心的等角共轭来证明。关于等角共轭的更详细的内容，请参看，V.普拉索洛夫的《平面几何问题》第 1 章第 5 节。

问题 3　在等腰 $\mathrm{Rt}\triangle BAD$ 的斜边 BD 上取点 P 和 Q，使得 $\angle PAQ = 45°$（P 在 B 和 Q 之间）。试证明：$PQ^2 = BP^2 + DQ^2$。

解法 1　如图 4(a) 那样放置 $\triangle BAD$，并考察以 A 为中心按逆时针方向的 $90°$ 角旋转。顶点 B 是顶点 D 的象，而点 Q 的象是点 Q'，也就是说，$DQ = BQ'$，$DQ \perp BQ'$。此外，$\angle Q'AP = \angle Q'AQ - \angle PAQ = 45° = \angle PAQ$，所以 $\triangle APQ \cong \triangle APQ'$，由此得 $PQ = PQ'$。这时，所证明的命题就是 $\mathrm{Rt}\triangle BQ'P$ 中的勾股定理。

解法 2　把图像沿直线 AP 和 AQ 折叠（即再次利用"黏合"），这时，点 B 和 D 重合于点 E（图4(b)）。因为 $\angle PEA = \angle PBA = \angle PDA = \angle QEA = 45°$，所以 $\angle PEQ = 90°$。这时，由 $\mathrm{Rt}\triangle PEQ$，得 $PQ^2 = EP^2 + EQ^2 = BP^2 + DQ^2$。

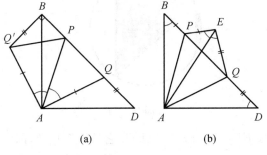

(a)　　　　　　(b)

图 4

我们指出,点 E 我们已经相识.事实上,如果将已知三角形扩作成正方形 $ABCD$,而线段 AP 和 AQ 的延长线分别交 BC 和 CD 于点 M 和 N,那么 E 是从 A 引的 MN 的垂线的垂足(见图 2).现考察下一题.

问题 4 在正方形 $ABCD$ 的边 BC 和 CD 上分别取点 M 和 N,使得 $\angle MAN = 45°$.对角线 BD 分别交 AM 和 AN 于点 P 和 Q,E 是从 A 作的 MN 垂线的垂足.试证明:线段 MQ,NP 和 AE 相交于一点.

解答 因为 $\angle MAQ = \angle MBQ = 45°$,所以点 A,B,M 和 Q 共圆.此外,$\angle ABM = 90°$,也就是说,AM 是这个圆的直径,而 $\angle AQM = 90°$,即 MQ 是 $\triangle MAN$ 的高(图 5).类似地,点 A,D,N 和 P 共圆,其直径是 AN,而 NP 是 $\triangle MAN$ 的高.考虑到,AE 也是该三角形的一条高,我们得到,所指的三条线段相交于点 H——$\triangle MAN$ 的垂心.

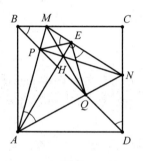

图 5

注 顺便指出,点 E 也位于所考察的两个圆上,即所考察的两圆的公共弦 AE 垂于于 MN.此外,$\triangle MAN$ 的高 MQ 和 NP 分别等于线段 AQ 和 AP(因为 $\angle MAN = 45°$).

问题 5 折线 $KMANL$ 的各顶点位于一个圆上,并且 $\angle KMA = \angle MAN = \angle ANL = 45°$(图 6).试证明:阴影部分的面积等于圆面积的一半.

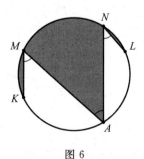

图 6

解法 1 作线段 KL(图 7(a),图 7(b)).它是圆的直径,因为弧 $\overset{\frown}{KA}$ 和 $\overset{\frown}{LA}$ 的度数之和等于 $180°$.

过点 L 引平行于 MK 的直线,交圆于点 Z(见图 7(a)).这时 $ML = KZ$,因为 KL 为圆的直径,所以 $\angle KML$ 和 $\angle KZL$ 是直角,所以四边形 $KMLZ$ 是矩形.设 U 是 KN 和 ML 的交点, V 是 MA 和 KZ 的交点,这时 $UV \parallel LZ$(关于水平直径对称).

接下来,引线段 AZ,那么所求问题的论断实际上是显然的:对于阴影部分找得到与之对称的无色部分.实际上,由弦 MK 和 LZ, NL 和 AZ 形成的弓形相等,梯形 $UVAN$ 和 $LZAN$ 相等, $\triangle MUV$ 和 $\triangle VKM$ 相等,而曲边 $\triangle MUN$ 和 $\triangle KVA$ 也相等.

解法 2 设 KL 分别交 AM 和 AN 于点 F 和 G(见图 7(b)).这时题断等价于 $S_{\triangle KMF} + S_{\triangle LNG} = S_{\triangle FAG}$.

因为 KL 是圆的直径,而弧 $\overset{\frown}{AK}$ 和 $\overset{\frown}{AL}$ 相等,那么 $\triangle KAL$ 是等腰直角三角形.利用问题 3 的结果,得到

$$FG^2 = KF^2 + LG^2$$

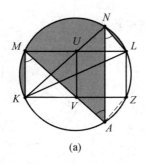
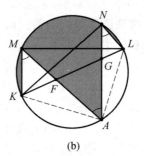

(a)　　　　　　　　　　　(b)

图 7

我们还发现, $\triangle FMK$ 以及 $\triangle LNG$ 与 $\triangle FAG$ 相似(两角相等),而相似比分别是 $k_1 = \dfrac{KF}{FG}$ 和 $k_2 = \dfrac{LG}{FG}$.这时

$$\frac{S_{\triangle KMF}}{S_{\triangle FAG}} = k_1^2 = \frac{KF^2}{FG^2}, \frac{S_{\triangle LNG}}{S_{\triangle FAG}} = k_2^2 = \frac{LG^2}{FG^2}$$

两个等式逐项相加,得

$$\frac{S_{\triangle KMF} + S_{\triangle LNG}}{S_{\triangle FAG}} = \frac{KF^2 + LG^2}{FG^2} = 1$$

等式 $S_{\triangle KMF} + S_{\triangle LNG} = S_{\triangle FAG}$ 可用"黏合"的思想来证明.为此需要回想起另一个经典问题.

引理 已知非凸四边形 $ABHC$,其中角 A,B 和 C 各等于 $45°$.试证明:
(1)线段 AH 和 BC 相等且垂直;(2) $S_{四边形 ABHC} = \dfrac{1}{2} AH^2$.

证明 （1）延长线段 BH 和 CH，分别交 AC 和 AB 于点 D 和 E（图 8）. 这时 $\angle ADB = \angle AEC = 90°$. 因为 BD 和 CE 是 $\triangle ABC$ 的高，所以 H 是这个三角形的垂心，于是 $AH \perp BC$. 此外，$\triangle ABD$ 和 $\triangle CHD$ 是等腰直角三角形，也就是说，$AD = BD$，$HD = CD$. 所以 $\text{Rt}\triangle AHD \cong \text{Rt}\triangle BCD$（两直角边相等），由此得 $AH = BC$.

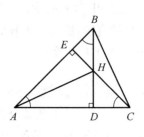

图 8

注 经由以 D 为中心的 $90°$ 角的旋转，也能得到两个命题. 顺便指出，所证得的事实能用来有效地解答练习题 4(4).

（2）AH 和 BC 是非凸四边形的两条对角线. 因为任一四边形的面积等于对角线的乘积乘以它们之间夹角正弦的一半，所以

$$S_{\text{四边形}ABHC} = \frac{1}{2}AH \cdot BC\sin 90° = \frac{1}{2}AH^2$$

现在回到问题 5 的解答，它能够用"黏合"来求解.

解法 3 给欲证不等式的两边加上 $\triangle AFK$ 和 $\triangle AGL$ 的面积，它等价于 $S_{\triangle KMA} + S_{\triangle LNA} = S_{\triangle KAL}$（图 9）. 设 H 是 KN 和 ML 的交点. 因为 KL 是圆的直径，所以 $\angle KMH$ 是直角. 这时 $\angle HMA = \angle KMA = 45°$，$\angle MKH = \angle MAN = 45°$，所以 $AM \perp KH$. 于是，沿着直线 AM "黏合"，点 K 与点 H 重合. 类似地，沿着直线 AN "黏合"，点 L 与点 H 重合，所以

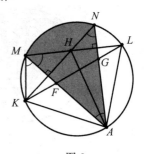

图 9

$$S_{\triangle KMA} + S_{\triangle LNA} = S_{\triangle HMA} + S_{\triangle HNA} = S_{\text{四边形}AMHN}$$

在非凸四边形 $AMHN$ 中，有三个角均等于 $45°$，于是

$$S_{\text{四边形}AMHN} = \frac{1}{2}AH^2 = \frac{1}{2}AK \cdot AL = S_{\triangle KAL}$$

这就是所要证明的.

问题 6 在正方形 $ABCD$ 的边 AB，BC，CD 和 DA 上分别取点 K，M，N 和 L，使得 $\angle KMA = \angle MAN = \angle LNA = 45°$. 设 KL 分别交 AM 和 AN 于点 F 和 G. 试证明：$S_{\triangle KMF} + S_{\triangle LNG} = S_{\triangle FAG}$.

我们指出，这个困难的问题我们实际上已经解决了，并且利用了多种方法. 为了求解它只要证明 $AK = AL$，由此得知，点 A，K，L，M 和 N 共圆（见练习题 3）.

事实上，欲证的等式等价于问题 5 中的面积等式（见此问题的解法 2）.

解法 1 设 $\triangle AMN$ 的外接圆分别交正方形的边 AB 和 AD 于点 K' 和

L' (图 10(a)). 因为 $\angle MAN = 45°$, 所以这个圆的圆心 O 在 AC 上 (见问题 2(1)). 也就是说, K' 和 L' 关于 AC 对称, 即 $\angle K'L'A = 45°$. 由圆周角相等得知, $\angle K'MA = \angle K'L'A = 45°$, 即点 K', 根据题目条件知, 其与 K 重合. 类似地, 可证点 L 和 L' 重合.

解法 2 正方形沿着直线 AM 和 AN 折叠后, 点 K 和 L 重合于点 H, H 为 $\triangle MAN$ 的垂心 (见图 10(a)). 这得自于点 B 和 D 重合于这个三角形的高 AE 的垂足 E (见问题 1), 而 $\angle AMH = \angle ANH = 45°$ (见引理). 这意味着, $AK = AL$, 这就是所要证明的.

解法 3 如图 10(b) 所示的那样放置正方形, 考察以 A 为中心逆时针方向的 $90°$ 角的旋转. 类似于问题 1 的解法 2, 我们得到, $\triangle AND$ 的象是 $\triangle AN'B$.

我们来证明, 在这一旋转下点 L 的象是点 K. 为此只要证明, $\angle AN'K = \angle ANL = 45°$. 因为 $\angle N'AM = \angle AMK = 45°$, 所以直线 MK 包含 $\triangle AMN'$ 的一条高. 因为 AB 是这个三角形的另一条高, 所以 K 是它的垂心. 于是, 第三条高位于直线 $N'K$ 上, 并且 $\angle AN'K = 45°$. 于是, $AK = AL$, 这就是所要证明的.

自然会产生这样的问题: 如果不知道问题 5, 怎样解这个问题呢? 原来, 能够利用前面用到过的黏合和旋转以及由引理得到的四边形!

例如, 解法 3 能够这样继续 (见图 10(b)). 我们来证明 $S_{\triangle KMA} + S_{\triangle LNA} = S_{\triangle KAL}$, 它等价于欲证的等式. 发现, $S_{\triangle KMA} + S_{\triangle LNA} = S_{\triangle KMA} + S_{\triangle KN'A} = S_{四边形 AMKN'}$. 而四边形 $AMKN'$ 就是那个三个角均等于 $45°$ 的四边形, 所以它的面积等于 $\frac{1}{2} AK^2$, 它又等于 $\triangle KAL$ 的面积.

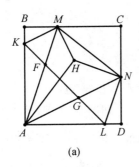 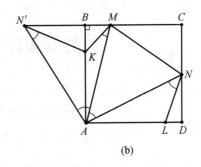

(a)   (b)

图 10

这个有趣图形的其他性质和某些所考察方法的发展可通过解答下列一些问题获得.

练　习　题

1. 试证明：在问题 1 中 $\triangle CMN$ 的周长是正方形周长的一半.

2. 试证明逆命题：如果点 M 和 N 在正方形 $ABCD$ 的边 BC 和 CD 上，使得 $\triangle CMN$ 的周长等于正方形周长的一半，那么 $\angle MAN = 45°$.

3. 设 K 和 L 分别是过点 A, M 和 N 的圆与边 AB 和 AD 的交点（图 3(c)）. 试证明：KL 是圆的直径且 $AK = AL$.

4. 试证明：在问题 4 中：(1) 四边形 $PQMN$ 内接于圆；(2) $\angle PCQ = 45°$；(3) $S_{\triangle MAN} = 2S_{\triangle PAQ}$；(4) $AH = MN = \sqrt{2}\,PQ$；(5) $MN^2 = 2(BP^2 + DQ^2)$.

5. 试证明：在问题 5 中成立等式 $KM^2 + AN^2 = AM^2 + LN^2$.

6. 试证明：在问题 6 中梯形 $AKMN$ 和 $ALNM$ 的对角线的交点位于 BD 上.

7. 一条带形的宽度等于正方形的边长. 将这个正方形放置于带形上，并且它的边界与带形的边界相交于四点. 试证明：联结这些点的十字相交直线所成的角是 $45°$.

8. 在正方形 $ABCD$ 的边 BC 和 CD 上分别取点 M 和 N，使得 $\angle MAN = 45°$. 射线 AM 和 AN 分别交正方形的外接圆于点 M_1 和 N_1. 试证明：$M_1N_1 \parallel MN$.

9. 正方形 $ABCD$ 中，在 $\triangle ABC$ 和 $\triangle ADC$ 内部分别取点 S 和 T，使得 $\angle SAT = \angle SCT = 45°$. 试证明：$BS \parallel DT$.

10. $Rt\triangle ABC$ 的旁切圆分别切它的直角边 CA 和 CB 于点 A_1 和 B_1. $\triangle ABC$ 的外接圆交 A_1B_1 于点 P 和 Q. 求 $\angle PCQ$.

答案和提示

1. 在问题 1 的任一解法中得到，$ME = MB$ 和 $NE = ND$.

2. 由题设条件得，点 B 和 D 是已知三角形的旁切圆与边 CM 和 CN 的延长线的切点. 于是 A 是这个圆的圆心，所以 $\angle MAN = 90° - \dfrac{1}{2}\angle C = 45°$.

3. 圆周角 $\angle KAL$ 是直角，而点 K 和 L 关于 AC 对称.

4. (1) $\angle MPN = \angle NQM = 90°$，也就是说，点 P 和 Q 在以 MN 为直径的圆上. (2) 点 C 与点 A 关于 BD 对称，所以 $\angle PCQ = \angle PAQ = 45°$. (3) 因为 $\angle MAN = 45°$，所以 $\dfrac{AM}{AQ} = \dfrac{AN}{AP} = \sqrt{2}$. 所以，$\triangle MAN \backsim \triangle QAP$，相似比 $k = \sqrt{2}$，所以 $\dfrac{S_{\triangle MAN}}{S_{\triangle PAQ}} = k^2 = 2$. (4) 由相似得 $\dfrac{MN}{PQ} = \sqrt{2}$，而 $AH = MN$ 由下面的事实得到，

在非凸四边形 $AMHN$ 中,它的三个角均等于 $45°$,且对角线相等(见引理).
(5) $MN^2 = 2PQ^2$ (见 (4)),而 $PQ^2 = BP^2 + DQ^2$ (见问题 3).

5. 利用:$AN = ML$ 和 $AM = KN$(等腰梯形的两条对角线).因为 $\angle KML = \angle KNL = 90°$,所以 $KM^2 + AN^2 = KM^2 + ML^2 = KL^2$, $AM^2 + LN^2 = KN^2 + LN^2 = KL^2$.

注 这个结果可利用具有垂直对角线的四边形的性质得到.在这样的四边形中对边的平方和相等.这时,相继考察四边形 $AKMN$ 和 $MNLA$,并考虑到 $AK = AL$,从而得到

$$KM^2 + AN^2 = AK^2 + MN^2 = AL^2 + MN^2 = AM^2 + LN^2$$

6. 设点 P 和 Q 是对角线的交点,因为所指的梯形是等腰梯形,而 $\triangle APN$ 和 $\triangle AQM$ 是等腰三角形.

7. 设 E, F, G 和 H 是正方形 $ABCD$ 与已知带形边界的交点(图 11).因为正方形的边长等于带形的宽,所以点 G 与直线 AB 和 EF 的距离相等.所以,EG 是 $\angle AEF$ 的平分线.类似地,FH 是 $\angle CFE$ 的平分线.这时 O 为 EG 和 FH 的交点,是 $\triangle EBF$ 的旁切圆圆心.所以

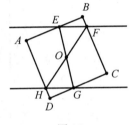

图 11

$$\angle EOF = 90° - \frac{1}{2}\angle EBF = 45°$$

注 我们指出,这个构图是问题 1 和练习题 1 和 2 中的构图的推广.

8. **解法 1** 根据练习题 4(1) 的题断得知,直线 PQ(它也是 BD)和 MN 是逆平行的,也就是说,在关于 $\angle PAQ$ 的平分线的对称下直线 PQ 变为直线 MN(图 12).此外,四边形 BM_1N_1D 内接于圆,也就是说,它的顶角 M_1 的外角等于它的内角 D,即直线 BD 和 M_1N_1 也是逆平行的.所以,$M_1N_1 \parallel MN$(特别地,如果 $\angle BAM = \angle DAN$,那么 $M_1N_1 \parallel MN \parallel BD$).

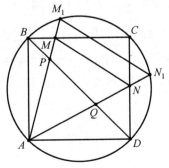

图 12

解法2　由问题2(1)的题断得知,正方形的外接圆与△MAN的外接圆位似(以 A 为中心).线段 M_1N_1 是在这个位似下线段 MN 的象,也就是说,$M_1N_1 \parallel MN$.

9.设射线 AS 和 AT 分别交边 BC 和 CD 于点 M 和 N,而射线 CS 和 CT 分别交边 AB 和 AD 于点 X 和 Y.因为 $\angle MAN = \angle XCY = 45°$,所以除了已经熟悉的 △CMN 外,考察与它相似的 △CYX(图13).点 F 是引自顶点 C 的 XY 的垂线的垂足(类似于点 E).引入如图所示的角的记号,考虑到正方形无论沿着直线 AM 和 AN,还是沿着直线 CX 和 CY 折叠时所形成的角相等.

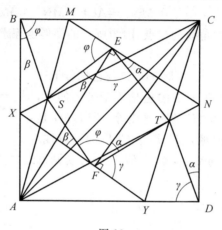

图 13

我们发现,$SE = SB = SF$,$TE = TD = TF$,也就是说,在四边形 SETF 中相邻的边成对相等(它是菱形).所以,$\angle SET = \angle SFT$(关于直线 ST 对称).于是,$\beta + \gamma = \alpha + \varphi$.考虑到 $\gamma = 90° - \alpha$,$\varphi = 90° - \beta$,得到 $\alpha = \beta$,由此得,$BS \parallel DT$.

注　此题顺便证明了:(1)四边形 SETF 是圆内接四边形(对角 E 和 F 都是直角);(2)点 S 和 T 分别是 △BEF 和 △DFT 的外接圆圆心.

10.设 D 是 △ABC 的外接圆圆心(图14).此时四边形 CA_1DB_1 是正方形,$\angle ADB = 90° - \dfrac{1}{2}\angle ACB = 45°$.因为圆周角 $\angle APB$ 和 $\angle AQB$ 所对的是直径,所以 AQ 和 BP 是 △ADB 的高.于是,题设条件所指的点 P 和 Q 位于线段 DA 和 DB 上(见问题4),即我们得到在练习题4(2)中所描述的情况,所以 $\angle PCQ = 45°$.

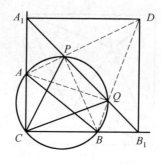

图 14

（阿·布林科夫,尤·布林科夫,《量子》2014 年第 4 期.）

译者注

1.关于正方形内的 45° 角问题,《量子》杂志研究得较早.下面简述(图示)一些原始结果.

(1)(M851,1984/3.)单位正方形内(图 15),如果 $\triangle APQ$ 的周长等于 2,那么 $\angle PCQ = 45°$.

(2)(M976,1986/4.)正方形 $ABCD$ 的内角 $\angle EAF = 45°$(图 16),那么 $S_{\triangle AEF} = 2S_{\triangle APQ}$.

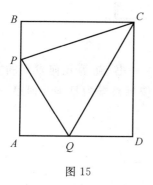

图 15

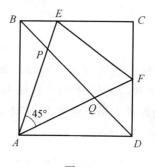

图 16

(3)(M1767,2001/2.)正方形 $ABCD$ 内的两点 P 和 Q,使得 $\angle PAQ = \angle PCQ = 45°$(图 17),那么 $PQ^2 = BP^2 + QD^2$.

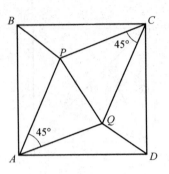

图 17

（4）（M1803，2002/1.）在正方形 $ABCD$ 内取点 P 和 Q，使得 $\angle PAQ = \angle QCP = 45°$（图 18），则

$$S_{\triangle PAQ} + S_{\triangle PCB} + S_{\triangle QCD} = S_{\triangle QCP} + S_{\triangle QAD} + S_{\triangle PAB}$$

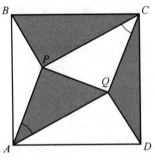

图 18

2. 下面转引清宫俊雄（Toshio Seimiya）一书《初等几何发现的方法》（东京：日本评论社，2004）中的一些结果. 清宫俊雄被誉为日本几何第一人，他在这方面的研究是否早于俄国人，有待考证.

（1）BX ：XY ：$YD = CQ$ ：QP ：PC（图 19）

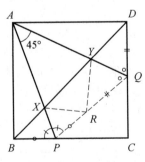

图 19

（2）图 20 中 $PM = MQ$，矩形 $XMYA$ 的面积是边长为 a 的正方形 $ABCD$ 面积的一半.

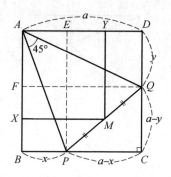

图 20

（3）$EF^2 = EA^2 + AF^2 = EQ^2 + PF^2$（图 21）.

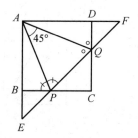

图 21

（4）$\dfrac{CP}{AE} + \dfrac{CQ}{AF} = 1$（图 22）.

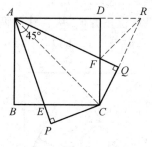

图 22

(5) $\dfrac{1}{AE^2}+\dfrac{1}{AF^2}=\dfrac{1}{AB^2}$(图 23).

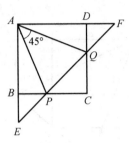

图 23

(6) 如果 $\dfrac{AE}{EB}\cdot\dfrac{AF}{FD}=2$,那么 $\angle ECF=45°$(图 24).

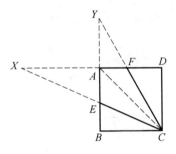

图 24

3. 文献[1]给出了 11 个等价的命题(请注意,有些命题与以上部分结果可能重复,但为了完整起见,原文照引),以及其他一些结果,并对相关的结果给出了多种证法.

(1) **定理**   设 $ABCD$ 是单位正方形. 从 A 作的两条射线分别交对角线 BD 于 M 和 N,并交边 BC,CD 分别于点 P 和 Q(图 25). 设 $AP\neq AQ$.

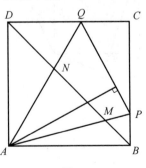

图 25

则下列命题是等价的：

① $\angle PAQ = 45°$.

② $MN^2 = BM^2 + ND^2$.

③ $\triangle CPQ$ 的周长等于 2.

④ $PQ = BP + QD$.

⑤ A 到直线 PQ 的距离等于 1.

⑥ $\triangle AMN$ 的面积是 $\triangle APQ$ 面积的一半.

⑦ $PQ = \sqrt{2} \cdot MN$.

⑧ $PQ^2 = 2(BM^2 + ND^2)$.

⑨ 通过 A 和 $MQ \cap NP$ 的直线垂直于 PQ.

⑩ $AN = NP$.

⑪ $AM = MQ$.

（2）在单位正方形 $ABCD$ 中，P, Q 分别是边 BC 和 CD 上的点. 考察以 A 为中心，通过 B 和 D 的四分之一圆 ω（图 26）. 试证明：$\angle PAQ = 45°$，当且仅当 PQ 与 ω 相切.

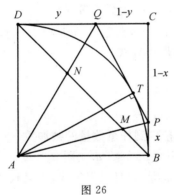

图 26

参考文献

[1] CRISTINEL M. Folding a Square to Identify Two Adjacent Sides[J]. Forum Geometricorum 2009, 9: 99-107.

❖和的绝对值与绝对值的和

《量子》的读者一定遇到过几乎显然而又非常重要的不等式

$$|a+b| \leqslant |a|+|b| \tag{1}$$

对于任意实数 a 和 b 成立. 我们来谈谈它的推论、应用和推广.

能够通过考察数 a 和 b 符号的组合来证明(1). 我们用另外的方法.

写出等价的不等式 $|a+b|^2 \leqslant (|a|+|b|)^2$. 打开括号并作必要的化简,得不等式 $ab \leqslant |a| \cdot |b|$. 此不等式是显然的,因为 $|x| \geqslant x$ 对于任意 x 的值成立.

显然,不等式(1)中的等号成立,当且仅当 $ab \geqslant 0$,即 a 和 b 有相同的符号.

如果数 a 和 b 有不同的符号,那么当 $ab < 0$ 时,成立严格的不等式

$$|a+b| < |a|+|b|$$

某些推论

在不等式(1)中用 $-b$ 代替 b,得到不等式

$$|a-b| \leqslant |a|+|b| \tag{1'}$$

在此不等式中,当 $ab \leqslant 0$ 时取得等式.

下列不等式亦成立

$$||a|-|b|| \leqslant |a+b| \tag{2}$$

$$||a|-|b|| \leqslant |a-b| \tag{2'}$$

将不等式(1)由归纳法推广到任意数量的被加数

$$|a_1+a_2+\cdots+a_n| \leqslant |a_1|+|a_2|+\cdots+|a_n| \tag{3}$$

对于任意实数 $a_1, a_2, \cdots, a_n$ 成立,并且取得等式,当且仅当对于 $i \neq j, i, j = 1, 2, \cdots, n, a_i a_j \geqslant 0$.

现在考察,已经证明的不等式是怎样"工作"的.

练 习 题

1. 试证不等式(2)和(2'),并说明对于怎样的 a 和 b 它们变成等式.

2. 证明不等式(3).

❖ 几个问题

问题 1（第 15 届莫斯科数学奥林匹克）　对于任意使得 $|x|<1$，$|y|<1$ 的实数 x 和 y，试证明

$$\left|\frac{x-y}{1-xy}\right|<1$$

解答　写出等价的不等式 $|x-y|<|1-xy|$ 并把它两边平方，得 $(x-y)^2<(1-xy)^2$. 打开括号经简单变换后得到不等式 $(1-x^2)(1-y^2)>0$，显然它对于有限制条件的 x 和 y 成立.

顺便指出，问题 1 中的等式对于使 $|x|>1$ 和 $|y|>1$ 的任意 x,y 也成立.

问题 2（第 59 届莫斯科数学奥林匹克）　实数 x,y,z 满足条件

$$|x|\leqslant|y-z|,y\leqslant|z-x|,z\leqslant|x-y| \qquad (*)$$

试证明：数 x,y,z 中的一个等于其余两个的和.

解答　如果三个不等式中至少有一个是等式，即 $|x|=|y-z|$，那么或者 $y=x+z$，或者 $z=x+y$.

现在，设所有的不等式（*）都是严格的. 这时 $x^2<(y-z)^2$，$y^2<(z-x)^2$，$z^2<(x-y)^2$，或者

$$\begin{cases}(x-y+z)(x+y-z)<0\\(y-z+x)(y+z-x)<0\\(z-x+y)(z+x-y)<0\end{cases} \qquad (**)$$

即不等式（**）的左边是负的. 但是把它们连乘后得到

$$(x+y-z)^2(x+z-y)^2(y+z-x)^2$$

这个数是正的. 所以不等式组（**）是不相容的，因为三个负数的乘积一定是负的.

问题 3（第 58 届莫斯科数学奥林匹克）　试证明

$$|x|+|y|+|z|\leqslant|x+y-z|+|x+z-y|+|y+z-x|$$

解答　由熟知不等式得

$$|x+y-z|+|x+z-y|\geqslant|x+y-z+x+z-y|=2|x|$$

类似地

$$|x+y-z|+|y+z-x|\geqslant2|y|,|x+z-y|+|y+z-x|\geqslant2|z|$$

把得到的不等式相加，问题得以解决.

问题 4　已知数 $a_1,a_2,\cdots,a_n$. 这些数中任意两个的和的绝对值不大于 2. 试证明：$|a_1+\cdots+a_n|\leqslant n$.

解答　写出已知数和的 2 倍的绝对值,再利用熟知不等式,得

$$|\,2a_1+2a_2+2a_3+\cdots+2a_n\,|$$
$$=|\,a_1+a_2+a_2+a_3+\cdots+a_{n-1}+a_n+a_n+a_1\,|$$
$$\leqslant|\,a_1+a_2\,|+|\,a_2+a_3\,|+\cdots+|\,a_n+a_1\,|\leqslant 2n$$

由此得到题断.

我们再解一题,它是 1974 年全苏数学奥林匹克十年级试题.

问题 5　对于怎样的实数 a,b,c 等式

$$|\,ax+by+cz\,|+|\,bx+cy+az\,|+|\,cx+ay+bz\,|=|\,x\,|+|\,y\,|+|\,z\,|$$

对于任意实数 x,y,z 成立?

解答　先把 $x=y=z=1$,再把 $x=y=0,z=1$ 以及 $x=1,y=-1,z=0$ 代入题设条件,得到方程组

$$|\,a+b+c\,|=1,\quad|\,a\,|+|\,b\,|+|\,c\,|=1,\quad|\,a-b\,|+|\,b-c\,|+|\,c-a\,|=2$$

从前两个等式得到,$ab\geqslant 0,bc\geqslant 0,ac\geqslant 0$.现在写出不等式

$$|\,a-b\,|\leqslant|\,a\,|+|\,b\,|,\quad|\,b-c\,|\leqslant|\,b\,|+|\,c\,|,\quad|\,c-a\,|\leqslant|\,a\,|+|\,c\,|$$

把它们相加,得

$$|\,a-b\,|+|\,b-c\,|+|\,c-a\,|\leqslant 2(|\,a\,|+|\,b\,|+|\,c\,|)=2$$

此不等式中的等式是可以取到的,仅当前面三个不等式都成为等式,即当 $ab\leqslant 0,bc\leqslant 0,ac\leqslant 0$ 时是可能的.由前面早已证明过的,得 $ab=bc=ac=0$,显然数 a,b,c 中两个等于零.代入第一个等式,给出第三个数的绝对值等于 1.

所以答案为数 a,b,c 中的两个是零,而第三个等于 ± 1.

下面这个问题取自《量子》杂志中的问题征解栏.

问题 6(M722)　在分布在一个圆上的点 $A_1,A_2,\cdots,A_n$ 上按某个次序放置数 $1,2,\cdots,n$.相邻的数差的绝对值之和能够有怎样的最小值?

解答　设数 1 在点 A_1,而数 n 在点 A_k(图 1).设数 $a_1,a_2,\cdots,a_{n-k}$ 按逆时针方向位于弧 $\overset{\frown}{A_1A_k}$ 上,而在弧 $\overset{\frown}{A_1A_k}$ 上顺时针方向放置数 $b_1,b_2,\cdots,b_{k-2}$.

则相邻的数两两之差的绝对值的和

$$|\,b_1-1\,|+|\,b_2-b_1\,|+\cdots+|\,b_{k-2}-n\,|+$$
$$|\,a_1-1\,|+|\,a_2-a_1\,|+\cdots+|\,a_{n-k}-n\,|$$
$$\geqslant|\,b_1-1+b_2-b_1+b_3-b_2+\cdots+$$
$$b_{k-2}-n+a_1-1+a_2-a_1+\cdots+a_{n-k}-n\,|$$
$$=2(n-1)$$

这样,两两之差绝对值的和不小于 $2n-2$.

剩下指出,如果在每一段弧上数 $b_1,\cdots,b_{k-2}$ 和 $a_1,\cdots,a_{n-k}$ 按递增顺序排列(沿着相应的方向),那么所得到的和正好等于 $2n-2$.

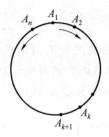

图 1

下面我们来看与向量和复数有关的不等式.

设 a, b 为非零向量.

如果向量不共线(图 2(a)),那么它们的和用平行四边形的对角线来描述,这时由三角形不等式,有 $|a+b| < |a| + |b|$.

如果 a 和 b 共线并且方向相同(图 2(b)),那么 $|a+b| = |a| + |b|$,而如果它们的方向相反(图 2(c)),那么 $|a+b| = |a| - |b| < |a| + |b|$.

由不等式 $|z_1 + z_2| \leqslant |z_1| + |z_2|$ 得到,对于任意实数 a, b, c 和 d 成立下面的不等式

$$\sqrt{(a+c)^2 + (b+d)^2} \leqslant \sqrt{a^2 + b^2} + \sqrt{c^2 + d^2}$$

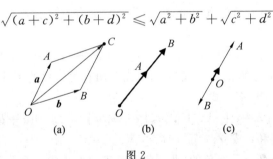

图 2

对于复数 $z_1 = a_1 + b_1 i, \cdots, z_n = a_n + b_n i$,不等式

$$\sqrt{(a_1 + \cdots + a_n)^2 + (b_1 + \cdots + b_n)^2} \leqslant \sqrt{a_1^2 + b_1^2} + \cdots + \sqrt{a_n^2 + b_n^2}$$

对于任意实数 $a_1, \cdots, a_n; b_1, \cdots, b_n$ 成立.

问题 7 从平面点 O 引某些向量,它们长度之和等于 4.试证明:能够选取某几个向量,使得它们和的长度大于 1.

解答 引入直角坐标系 xOy,使得已知向量 $a_1, a_2, \cdots, a_n$ 中没有一个在两个坐标轴上(图 3).这时向量分成四组,即在每一个象限中的那一组.

根据题设条件 $\sum_{i=1} |a_i| = 4$.设 $a_i = (x_i, y_i)$.这时 $|a_i| = \sqrt{x_i^2 + y_i^2}$.由坐标系的选取,得 $\sqrt{x_i^2 + y_i^2} < |x_i| + |y_i|$(请证明这个不等式!)所以

$$4 = \sum_{i=1}^{n} |a_i| < \sum_{i=1}^{n} |x_i| + \sum_{i=1}^{n} |y_i|$$

由此得,向量在位于两坐标轴上射线之一的射影长之和大于 1. 而这时在相应的半平面上的向量和的长将大于 1,因为这时向量在相应的射线上射影之和等于它们和的射影. 所以这些向量和的长度大于 1.

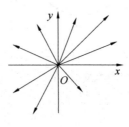

图 3

下面是第 10 届全苏数学奥林匹克试题.

问题 8 在平面上给定和等于 **0** 的向量 a, b, c 和 d,试证明不等式

$$|a| + |b| + |c| + |d| \geqslant |a + d| + |b + d| + |c + d| \qquad (1)$$

在解这个不等式之前,先做一些备注.

设 a, b, c 是平面上的任意向量,把 $d = -a - b - c$ 代入式(1),得到关于向量 a, b, c 的不等式

$$|a + b| + |b + c| + |c + a| \leqslant |a| + |b| + |c| + |a + b + c| \qquad (1')$$

我们先证明,对于数的不等式(1'),从而证明有关于数的不等式(1).

问题 9 试证明:不等式

$$|a + b| + |b + c| + |c + a| \leqslant |a| + |b| + |c| + |a + b + c|$$

对于任意实数 a, b 和 c 成立.

解答 如果 a, b, c 是非负的(非正的),或者它们之中一个等于 0(这时不等式变成等式),那么不等式是显然的.

如果对于数 a, b, c 不等式成立,那么它对于数 $-a, -b, -c$ 也成立. 所以我们认为,$a > 0, b > 0, c < 0$. 左右两边除以 a 并作变换 $x = \dfrac{b}{a} > 0, y = \dfrac{c}{a} < 0$.

现在问题归结为对于 $x > 0, y < 0$ 证明不等式

$$|1 + x| + |x + y| + |1 + y| \leqslant 1 + |x| + |y| + |1 + x + y|$$

即不等式

$$|x + y| + |1 + y| \leqslant |y| + |1 + x + y| \qquad (x > 0, y < 0)$$

当 $y \geqslant -1$ 时,经化简后得到不等式 $|x + y| \leqslant x - y = |x| + |y|$.

如果 $y < -1$,得到不等式 $|1 + x + y| \geqslant |x + y| - 1$.

因而不等式(1')(对于数)得证.

现在来解问题 8. 这是第 10 届全苏数学奥林匹克最难的试题之一. 我们用几何法解答它.

问题 8 的解答　首先我们指出, 不等式 (1) 是对称的, 即对于向量 a, b, c, d 的任何轮换它保持不变. 这可由不等式的形式和 $a + b + c + d = 0$ 得到. 所以只要对于由已知向量的轮换而得到的任意四个向量证明它. 此外, 不等式 (1) 是显然的, 如果向量中的某两个之和等于 $\mathbf{0}$. 于是, 我们认为, 向量中的每一个不等于 $\mathbf{0}$, 并且它们之中任意两个之和不等于 $\mathbf{0}$.

我们相继分开放置向量 $\overrightarrow{AB} = a, \overrightarrow{BC} = b, \overrightarrow{CD} = c, \overrightarrow{DA} = d$ (图 4), 根据向量加法法则得到一条闭折线 $ABCDA$ $(a + b + c + d = \mathbf{0})$.

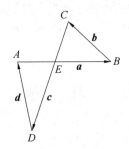

图 4

如果这条折线是自相交的, 那么一切将比较简单. 事实上, 由三角形不等式, $AC \leqslant AE + EC, BD \leqslant BE + ED$. 也就是说

$$AC + BD \leqslant AE + ED + BE + EC = AB + DC$$

进而 $\overrightarrow{CA} = c + d, \overrightarrow{DB} = d + a$, 即 $CA = |c + d|, BD = |a + d|, AB = |a|, CD = |c|$. 所以

$$|a + d| + |c + d| \leqslant |a| + |c| \qquad (2)$$

此外

$$|b + d| \leqslant |b| + |d| \qquad (3)$$

由 $(2) + (3)$, 得到欲求的不等式

$$|a + d| + |b + d| + |c + d| \leqslant |a| + |b| + |c| + |d|$$

现在来证明, 已知向量能够像这样重新布置, 便得到自相交的折线 (请在读下文之前, 想一想这是怎样做到的).

先设四边形 $ABCD$ 是非凸的或者退化的 (图 5). 从点 D 取向量 $\overrightarrow{DA'} = a$, 射线 DA' 与线段 BC 相交 (为什么？), $\overrightarrow{A'B} = d$, 而折线 $A'BCDA'$ 是自相交的.

如果 $ABCD$ 是凸的 (图 6), 从点 C 取向量 $\overrightarrow{CD'} = d$. 这时 $\overrightarrow{D'A} = c$, 且四边形 $ABCD'$ 或者是非凸的, 或者是自相交的, 即所有情况都归结为已知的所考察过的两种情况之一. 于是不等式 (1) 得证.

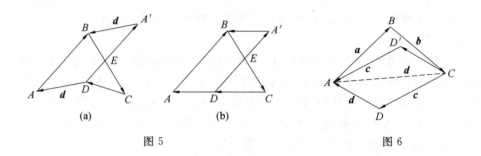

图 5　　　　　　　　　　　　　　　图 6

在三维空间中问题 8 也是成立的,但是上面所作的证法并不适用.找到它的初等证明是有意义的,因为尤·依沃宁和阿·普罗特金在《函数的平均值》(参看《量子》1977 年第 7 期) 一文中所作的证明不是初等的.

练　习　题

1. 如果已知 $|x+y|>|1+xy|$,对于实数 x 和 y 会有怎样的结果呢?

2. 对于怎样的 x,y,z 问题 3 中的不等式成立等式?

3. 存在多少种方法来放置数 $1,2,\cdots,n$ 于点 $A_1,A_2,\cdots,A_n$,使得相邻数两两之差绝对值的和等于 $2n-2$.

4. 对于复数 x 和 y 问题 1 的不等式是否仍然正确?

前面几题是大学入学试题或者是内容与之接近的问题.问题 5(1)(2),问题 6,问题 8 是莫斯科大学不同年份的入学试题.

5. 解方程:

(1) $|x^2-3x+1|+|2x^2-x-1|=|3x^2-4x|$;

(2) $|x-1|+|x+1|+|x-2|+|x+2|+\cdots+|x-100|+|x+100|=200x$;

(3) $|\tan x\tan 2x\tan 3x|+|\tan x+\tan 2x|=\tan 3x, x\in(0,\pi]$.

6. 解不等式:

(1) $|1-x^2|-|x^2-3x+2|\geqslant 3|x-1|$;

(2) $\sqrt{1-\sin 2x}+|\sin x|\leqslant\cos x$;

(3) $\left|2\sin x+2\cos x+\tan x+\cot x+\dfrac{1}{\sin x}+\dfrac{1}{\cos x}\right|\leqslant 2$.

7. 求下列函数对于怎样的 x 取得最小值:

(1) $y=|x-3|+|x|+|x+3|+|x+5|$;

(2) $y=|x^2+3x+1|+|x^2-1|+|3x-2|$.

8. 对于怎样的 x 和 y 表达式 $|2x-y-1|+|x+y|+|y|$ 取得最小值, 并求出这个最小值?

9. 设 $a_1,a_2,\cdots,a_n$ 是数 $1,2,\cdots,n$ 的任意一个排列. 求下列和的最大值

$$|a_1-1|+|a_2-2|+\cdots+|a_n-n|$$

10. 试证明: 如果 a 是多项式 $f(x)=a_nx^n+a_{n-1}x^{n-1}+\cdots+a_0(a_n\neq 0)$ 的一个根, 那么 $|a|<1+\max\limits_{1\leqslant j\leqslant n}\dfrac{|a_j|}{|a_n|}$

11. 证明不等式

$$\frac{|a|}{1+|b|}+\frac{|b|}{1+|c|}+\frac{|c|}{1+|a|}\geqslant\frac{|a+b+c|}{1+|a+b+c|}$$

这里 a,b,c 是任意实数. 尝试推广这个不等式于更多数量的数(可能有各种各样的推广!)

(阿·叶果洛夫,《量子》2009 年第 4 期.)

译者注　有兴趣的读者不妨尝试用初等方法证明不等式(1)的三维推广:

征解问题　在空间中已知和为 $\mathbf{0}$ 的四个向量 $\boldsymbol{a},\boldsymbol{b},\boldsymbol{c}$ 和 $\boldsymbol{d}$, 试证明不等式

$$|\boldsymbol{a}|+|\boldsymbol{b}|+|\boldsymbol{c}|+|\boldsymbol{d}|\geqslant|\boldsymbol{a}+\boldsymbol{d}|+|\boldsymbol{b}+\boldsymbol{d}|+|\boldsymbol{c}+\boldsymbol{d}|$$

E
L
S
L
Z
Z
Z

❖关于三角形中一条奇妙的直线

设已知 $\triangle ABC$ 中(图 1),I 为它的内心,即内切圆的圆心,K_1,K_2,K_3 为内切圆与边的切点,M_1 为边 BC 的中点,AH_1 为引自顶点 A 的高. 原来,直线 $M_1 I$(还有两条联结其他两边中点与内心的直线)具有一系列性质,这些性质能够帮助解答大量的问题. 我们来谈一谈这些性质和它们的应用.

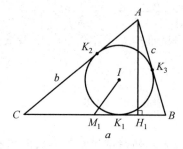

图 1

一、直线 $M_1 I$ 的性质

性质 1　直线 $M_1 I \parallel AT_1$,这里 T_1 为 $\triangle ABC$ 的旁切圆与边 BC 的切点.

证明　设 $K_1 D$ 是 $\triangle ABC$ 内切圆的直径(图 2). 与该圆相切于点 D 的直线 EF 显然平行于边 BC. 点 D 是 $\triangle AEF$ 的旁切圆与边 EF 的切点. 又 T_1 是 $\triangle ABC$ 的旁切圆与边 BC 的切点. 则 $\triangle AEF$ 和 $\triangle ABC$ 以点 A 为中心而位似. 所以 A,D 和 T_1 共线. 此外,$BK_1 = CT_1 = p - b$,这里 p 是三角形的半周长(请证明它!),所以,$T_1 M_1 = M_1 K_1$,$M_1 I$ 是 $\triangle DK_1 T_1$ 的中位线. 而这意味着,$M_1 I \parallel AT_1$.

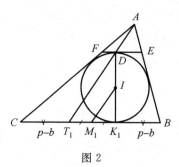

图 2

性质 2　直线 $M_1 I$ 平分线段 AK_1.

证明　设直线 $M_1 I$ 交 AK_1 于点 N(图 3). 因为 $M_1 I \parallel AT_1$,$T_1 M_1 =$

M_1K_1,所以 M_1N 是 $\triangle AK_1T_1$ 的中位线. 于是,$AN = NK_1$.

我们指出,性质 2 的证明可以借助于牛顿定理:如果一圆内切于四边形,那么圆心在联结两条对角线中点的直线上.

事实上,$\triangle ABC$ 可以视为退化的四边形 $ABK_1C(\angle BK_1C = 180°)$. 这时,根据牛顿定理,点 M_1 和 N(两条对角线的中点),以及圆心 I 位于一条直线上.

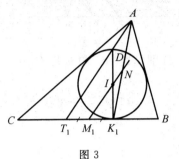

图 3

性质 3   直线 M_1I 在高 AH_1 上截得的线段 AQ 等于 $\triangle ABC$ 内切圆的半径.

证明   因为四边形 $ADIQ$ 是平行四边形(它的两组对边平行),所以 $AQ = DI = r$(图 4).

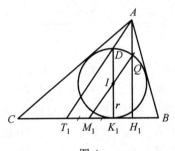

图 4

性质 2 和性质 3 作为试题分别出现在第 2 和第 3 届全苏数学奥林匹克中. 下面我们来说明,直线 M_1I 的性质 1 ～ 3 是怎样应用的.

二、证明题

问题 1   设 M 是 $\triangle ABC$ 的重心,即中线的交点. 试证明:M_1I 分割线段 MK_1 成比例 $1:3$(从重心 M 开始算起).

解答   因为 $T_1M_1 = M_1K_1$,$AM:MM_1 = 2:1$,所以点 M 是 $\triangle AK_1T_1$ 的重心(图 5). 这意味着 $K_1M:MG = 2:1$. 又 $M_1I /\!/ AT_1$(性质 1),$K_1L = LG$. 所以现在不难求出,$ML:LK_1 = 1:3$.

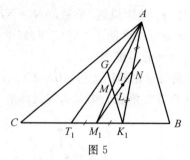

图 5

问题 2 设 M_2, M_3 分别是边 AC 和 BA 的中点. 试证明: 直线 $M_1 I$ 平分 $\triangle M_1 M_2 M_3$ 的周长.

解答 直线 AT_1 平分 $\triangle ABC$ 的周长. 事实上, $AC + CT_1 = b + p - b = p$, $M_1 I \parallel AT_1$ (图 6). 这时, AT_1 和 $M_1 I$ 是两个位似的三角形 $\triangle ABC$ 和 $\triangle M_1 M_2 M_3$ 中的对应直线.

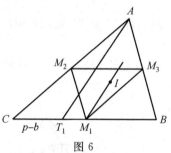

图 6

问题 3 试证明: 直线 $M_1 I, T_1 M$ 和 AK_1 相交于一点.

解答 在解答问题 1 时我们已经证明了, 点 M 是 $\triangle AK_1 T_1$ 的重心, 也就是说, 点 T_1, M 和 N 在一条直线上 (见图 5). 根据性质 2, 点 M_1, I, N 在一条直线上. 这样, 直线 $M_1 I$ 和 $T_1 M$ 相交于线段 AK_1 的中点.

问题 4 试证明: $T_1 I$ 平分高 AH_1.

解答 直线 $T_1 I$ 平分 DK_1 ($DI = IK_1 = r$, 图 7). 因为 $DK_1 \parallel AH_1$, 所以直线 $T_1 I$ 平分高 AH_1.

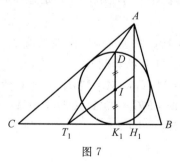

图 7

三、作图题

问题 5 已知顶点 A，内心 I 和重心 M，求作 $\triangle ABC$.

解答 联结点 A 和 M，延长 AM 长的一半得到 M_1，即 BC 的中点（图 8）. 引直线 $M_1 I$，根据它的性质知，$M_1 I \parallel AT_1$ 以及 $M_1 I$ 从高 AH_1 截取的线段 $AQ = r$. 分析指明，如果通过点 Q 作 BC 的平行线，直到交 AT_1 于点 F，那么 $\triangle AQF \cong \triangle IK_1 M_1$（根据一条直角边和一个锐角对应相等）.

由此有作法：通过顶点 A 作平行于直线 $M_1 I$ 的直线，在它上取线段 $AF = M_1 I$. 作以 AF 为直径的圆，它交直线 $M_1 I$ 于点 Q. 这时 $AQ \perp BC$. 进一步的作法是显然的.

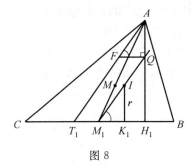

图 8

问题 6 求作 $\triangle ABC$，如果已知内心 I，BC 的中点 M_1 以及包含高 AH_1 的直线 l.

解答 过 M_1 作垂直于 l 的直线 m，从点 I 作这条直线的垂线得点 K_1 且线段 $IK_1 = r$（图 9）. 设 $M_1 I$ 交 l 于点 Q. 从点 Q 起向上截取等于 r 的线段，得到顶点 A. 从点 A 所作的以 I 为圆心 $IK_1 = r$ 为半径的圆的两条切线交直线 m 于欲求的顶点 B 和 C.

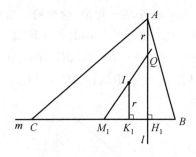

图 9

问题 7 求作 $\triangle ABC$，已知从顶点 A 所引的高和中线，以及内切圆半径.

解答 根据直角边 h_a 和斜边 m_a 作 $\text{Rt}\triangle AH_1 M_1$（图 10）. 从点 A 起取线段 $AQ = r$. 平行于 $H_1 M_1$ 并与它的距离等于 r，作直线 t，它交 $M_1 Q$ 于内心 I. 进一

步的作法是显然的.

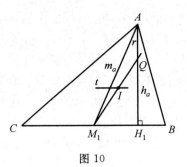

图 10

问题 8 求作 $\triangle ABC$,已知点 M,I 和包含边 BC 的直线 m.

解答 从点 I 作直线 m 的垂线 IK_1 且 $IK_1 = r$(图 11).联结 MK_1,把这条线段分成比例 $1:3$,得到点 L(问题 1).直线 IL 交 m 于点 M_1,即 BC 的中点.把线段 M_1M 扩大 2 倍,得到顶点 A.从 A 作的以 I 为圆心,r 为半径的两条切线交 m 于顶点 B 和 C.

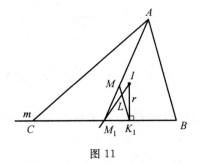

图 11

四、关于三角形(其中 $b + c = 2a$) 的问题

有时会遇到边长 $b - a = a - c$ 的三角形,这样的三角形称为等差边三角形.一般来说,这种三角形的一边是其他两边的算术平均值.

问题 9 已知 $\triangle ABC$,其中 $b + c = 2a$.试证明:$QH_1 = 2r$.

解答 因为 M_1I 从高 h_a 中截取线段 $AQ = r$(图 12).所以

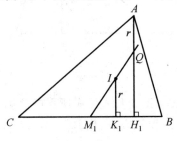

图 12

$$\frac{QH_1}{QA}=\frac{h_a-r}{r}=\frac{h_a}{r}-1=\frac{2S/a}{S/p}-1=\frac{2p-a}{a}=\frac{b+c}{a}=\frac{2a}{a}=2$$

这里 S 是 $\triangle ABC$ 的面积. 于是 $QH_1=2r$.

推论 在等差边三角形中, $h_a=3r$.

问题 10 试证明:在等差边三角形中, $M_1K_1=K_1H_1$.

解答 因为 $QH_1=2r$, 而 $IK_1=r$, 并且 $IK_1 \parallel QH_1$, 所以 IK_1 是 $\triangle QH_1M_1$ 的中位线(见图 12), 即 $M_1I=IQ$, $M_1K_1=K_1H_1$.

问题 11 在等差边三角形中, $MI \parallel BC$. 试证明之.

解答 这是显然的, 因为在这样的三角形中, 从重心和内心到边 BC 的距离之间有关系式 $\frac{1}{3}h_a=r$.

推论 在等差边三角形中, 直线 M_1I 和 MI 把高 h_a 分成相等的三部分.

问题 12 等差边 $\triangle ABC$ 的内心 I 是 $\triangle AT_1H_1$ 的重心. 试证明之.

解答 因为 $M_1I=IQ$(问题 10), 所以 $\triangle AT_1H_1$ 的中线 H_1G 通过点 I(图 13). 而这时由直线 $M_1I \parallel AT_1$, 以及 $T_1M_1=M_1K_1=K_1H_1$, 得到 $H_1I=2IG$. 这意味着, I 是 $\triangle AT_1H_1$ 的重心.

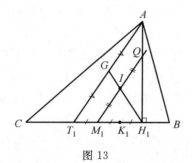

图 13

五、直角三角形中的问题

问题 13 试证明:在 Rt$\triangle ABC$ 中($\angle C=90°$), 点 T_1, I, M_2 共线(图 14).

解答 因为直线 T_1I 平分高 h_a(问题 4), 而在直角三角形中直角边 AC 与 h_a 重合, 由此问题已解决.

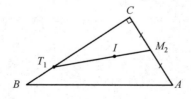

图 14

问题 14 在已知 Rt$\triangle ABC$ 中($\angle C=90°$), 重心 M 和内心 I 的位置给定.

借助于一把直尺平分这个三角形的周长.

解答　直线 AM 交 BC 于点 M_1(图 15).直线 M_1I 交 AC 于点 Q,使得 $AQ=r$(性质 3).直线 BQ 平分 $\triangle ABC$ 的周长,因为

$$c+r=c+\frac{a+b-c}{2}=\frac{a+b+c}{2}=p$$

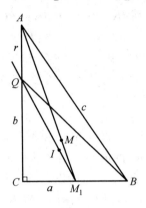

图 15

问题 15　在 Rt$\triangle ABC$ 中,通过斜边 BC 的中点和内心 I 作直线.它与直角边 AB 相交成 $75°$ 角.求 $\triangle ABC$ 的锐角.

解答　设直线 M_1I 交 AH_1 于点 Q 且交 AB 于点 F(图 16).这时根据题设条件知,$\angle BFM_1=75°$,而 $AQ=r$(性质 3).此外,$AI=\sqrt{2}r$,$\angle AIF=30°$.

设 $\angle AQI=\varphi$.对于 $\triangle AQI$,根据正弦定理,有

$$\frac{AI}{\sin\varphi}=\frac{AQ}{\sin 30°}$$

或者

$$\frac{\sqrt{2}r}{\sin\varphi}=\frac{r}{1/2}$$

由此得 $\sin\varphi=\frac{\sqrt{2}}{2}$,$\varphi=135°$

从四边形 $BFQH_1$ 找到 $\angle B$,则

$$\angle B=360°-90°-135°-75°=60°$$

这时 $\angle C=30°$.

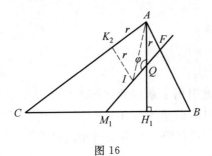

图 16

六、与旁切圆相关的问题

我们发现,在考察 $\triangle ABC$ 的旁切圆时能够观察到类似于上述的性质.

设 I_a 为与边 BC,AB 和 AC 的延长线相切的旁切圆 ω 的圆心(图17).建议大家独立地证明下面的一些事实:

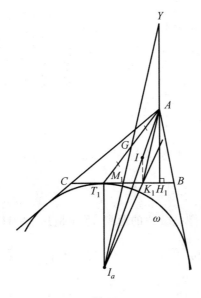

图 17

(1)$I_a K_1$ 平分 h_a($AH_1 = h_a$);

(2)$I_a M_1$ 在 h_a 的延长线上截取的线段 AY,等于圆 ω 的半径;

(3)$I_a M_1 \parallel AK_1$;

(4)$I_a M_1$ 平分线段 AT_1.

(阿·卡尔柳钦柯,克·费利波夫斯基,《量子》2007 年第 4 期.)

❖各类公式

　　这里我们不加证明地引用一系列数之间的公式和关系式. 它们近乎完全. 这些公式和关系式由杰出的数学家作出, 并且常常代表了科学史上的重大事件. 它们之中的每一个含有某种秘密. 但是请相信它吧.

一、含根号的公式

　　这组公式包含最简的关系式. 请尝试独立地证明它们.

1. $\sqrt{3-\sqrt{5}}+\sqrt{3+\sqrt{5}}=\sqrt{10}$.

2. $\sqrt{2-\sqrt{3}}=\sqrt{\dfrac{3}{2}}-\sqrt{\dfrac{1}{2}}$.

3. $\sqrt[3]{2+\sqrt{5}}+\sqrt[3]{2-\sqrt{5}}=1$.

4. $\sqrt[3]{\dfrac{1}{3}(\sqrt[3]{2}-1)}=\sqrt[3]{4}-\sqrt[3]{2}+1$.

5. $\sqrt{12\sqrt[3]{2}-15}+2\sqrt{3\sqrt[3]{4}-3}=3$.

6. $\sqrt[3]{\dfrac{1}{9}}-\sqrt[3]{\dfrac{2}{9}}+\sqrt[3]{\dfrac{4}{9}}=\sqrt[3]{\sqrt[3]{2}-1}$.

　　公式 6 由印度数学家拉马努金证明(下面我们还会谈到某些拉马努金公式).

二、三角公式

　　三角学是不可计数的漂亮公式的源泉. 下面是几个特殊的例子.

7. $\cos\dfrac{2\pi}{2m+1}+\cos\dfrac{4\pi}{2m+1}+\cdots+\cos\dfrac{2m\pi}{2m+1}=-\dfrac{1}{2}$.

8. $\tan\dfrac{\pi}{2m+1}\cdot\tan\dfrac{2\pi}{2m+1}\cdot\cdots\cdot\tan\dfrac{2m\pi}{2m+1}=(-1)^{m}(2m+1)$.

9. $\tan\dfrac{3\pi}{11}+4\sin\dfrac{2\pi}{11}=\sqrt{11}$.

10. $\sin\dfrac{\pi}{2n}\cdot\sin\dfrac{2\pi}{2n}\cdot\cdots\cdot\sin\dfrac{(n-1)\pi}{2n}=\dfrac{\sqrt{n}}{2^{n-1}}$.

11. $\cos\dfrac{\pi}{2m+1}\cdot\cos\dfrac{2\pi}{2m+1}\cdot\cdots\cdot\cos\dfrac{m\pi}{2m+1}=\dfrac{1}{2^{m}}$.

　　对于所有容许的 x 成立下列公式.

12. $\sin x + \sin 2x + \cdots + \sin nx = \dfrac{\sin \dfrac{nx}{2} \sin \dfrac{(n+1)x}{2}}{\sin \dfrac{x}{2}}$.

13. $\cos x + \cdots + \cos nx = \dfrac{\sin \dfrac{nx}{2} \cos \dfrac{(n+1)}{2}x}{\sin \dfrac{x}{2}}$.

14. $\displaystyle\sum_{k=0}^{2m} \tan\left(x + \dfrac{k\pi}{2m+1}\right) = (2m+1)\tan(2m+1)x$.

15. $\displaystyle\prod_{k=0}^{2m} \tan\left(x + \dfrac{k\pi}{2m+1}\right) = (-1)^m \tan(m+1)x$.

16. $\displaystyle\prod_{k=0}^{n-1} \sin\left(x + \dfrac{k\pi}{n}\right) = \dfrac{1}{2^{n-1}}\sin nx$.

拉马努金还证明了两个这样的公式.

17. $\sqrt[3]{\cos \dfrac{2\pi}{7}} + \sqrt[3]{\cos \dfrac{4\pi}{7}} + \sqrt[3]{\cos \dfrac{8\pi}{7}} = \sqrt[3]{\dfrac{1}{2}(5 - 3\sqrt[3]{7})}$.

18. $\sqrt[3]{\cos \dfrac{2\pi}{9}} + \sqrt[3]{\cos \dfrac{4\pi}{9}} + \sqrt[3]{\cos \dfrac{8\pi}{9}} = \sqrt[3]{\dfrac{1}{2}(3\sqrt[3]{9} - 6)}$.

三、关于 π 的公式

数学家们从古至今都特别关注数 π. 每一个新的公式标志着对这个数的性质的认识的推进. 下面几个公式把 π 表示成级数之和以及无穷乘积的形式.

19. $\pi = \lim\limits_{n \to \infty} 2^n \underbrace{\sqrt{2 - \sqrt{2 + \sqrt{2 + \sqrt{2 + \cdots \sqrt{2}}}}}}_{n\text{个根号}}$ （阿里阿伯哈特，公元六世纪）.

20. $\dfrac{2}{\pi} = \sqrt{\dfrac{1}{2}} \cdot \sqrt{\dfrac{1}{2} + \dfrac{1}{2}\sqrt{\dfrac{1}{2}}} \cdot \sqrt{\dfrac{1}{2} + \dfrac{1}{2}\sqrt{\dfrac{1}{2} + \dfrac{1}{2}\sqrt{\dfrac{1}{2}}}} \cdot \cdots$ （韦达）.

21. $\dfrac{\pi}{4} = 1 - \dfrac{1}{3} + \dfrac{1}{5} - \dfrac{1}{7} \cdots$ （莱布尼兹）.

22. $\dfrac{\pi^2}{6} = 1 + \dfrac{1}{2^2} + \dfrac{1}{3^2} + \dfrac{1}{4^2} + \cdots$ （欧拉）.

23. $\dfrac{\pi^4}{90} = 1 + \dfrac{1}{2^4} + \dfrac{1}{3^4} + \dfrac{1}{4^4} + \cdots$ （欧拉）.

24. $\dfrac{\pi}{2} = \dfrac{2}{1} \cdot \dfrac{2}{3} \cdot \dfrac{4}{3} \cdot \dfrac{4}{5} \cdot \cdots \cdot \dfrac{2n}{2n-1} \cdot \dfrac{2n}{2n+1} \cdot \cdots$

$= \lim\limits_{n \to \infty} \dfrac{((2n)!!\ )^2}{(2n-1)!!\ (2n+1)!!}$ （瓦利斯）.

这里 $m!!$ 表示不超过 m，并且与 m 有同样奇偶性的所有数的乘积.

也存在数 π 的特殊形式的无穷连分数的表示方法. 例如：

25. $\dfrac{4}{\pi} = 1 + \cfrac{1}{2 + \cfrac{9}{2 + \cfrac{25}{2 + \cfrac{49}{2 + \cfrac{81}{2 + \cdots}}}}}$ （布罗因开尔）.

26. $\dfrac{\pi}{2} = 1 + \cfrac{2}{3 + \cfrac{1 \cdot 3}{4 + \cfrac{3 \cdot 5}{4 + \cfrac{5 \cdot 7}{4 + \cfrac{7 \cdot 9}{4 + \cdots}}}}}$ （欧拉）.

四、数 e

自然对数的底 —— 数 e —— 由极限确定：$e = \lim\limits_{n \to \infty} \left(1 + \dfrac{1}{n}\right)^n$. 这个数与 π 一样，在数学上起着重要的作用. 下面是几个与它相关的公式.

27. $e = 1 + \dfrac{1}{1!} + \dfrac{1}{2!} + \cdots + \dfrac{1}{n!} + \cdots$.

一般来说对于任意 x，有：

28. $e^x = 1 + x + \dfrac{x^2}{2!} + \cdots + \dfrac{x^n}{n!} + \cdots$.

已知，数 e 可表示成无穷连分数的形式：

29. $e = 2 + \cfrac{1}{1 + \cfrac{1}{2 + \cfrac{1}{1 + \cfrac{1}{1 + \cfrac{1}{4 + \cfrac{1}{1 + \cdots}}}}}}$.

五、数 e 和 π 的"联谊"

数学分析中最著名的公式之一是斯特林公式，它表明，随阶乘的增大：

30. $n! \approx \sqrt{2\pi n} \left(\dfrac{n}{e}\right)^n$.

这里近似等式的符号意味着，等式的左边与右边之比当 $n \to \infty$ 时趋近于 1. 这个公式关联了整数与数 e 和 π.

还有一个欧拉发现的伟大的公式：

31. $e^{i\pi} = -1$.

这里 e 和 π 与单位虚数数 i 相关联. 这个公式是更一般的关联指数函数和三角函数的一个特殊情况:

32. $e^{ix} = \cos x + i\sin x.$

还有一个关系式:

33. $i^i = e^{-\frac{\pi}{2}}.$

单位虚数的 i 次方是实数! 当然还需要某些说明, 函数 $w = i^i$ 当每一个 $z \neq 0$ 时有无穷多个值, 于是 $e^{-\frac{\pi}{2}}$ 仅仅是 $i^i = e^{-\frac{\pi}{2} + 2k\pi}$ (这里 $k \in \mathbf{Z}$) 的值之一.

最后还有拉马努金发现的三个公式.

34. $1 - 5\left(\dfrac{1}{2}\right)^3 + 9\left(\dfrac{1\cdot 3}{2\cdot 4}\right)^3 - 13\left(\dfrac{1\cdot 3\cdot 5}{2\cdot 4\cdot 6}\right)^3 + \cdots$

$$= \sum_{k=0}^{\infty} (-1)^k (4k+1)\left(\dfrac{(2k-1)!!}{(2k)!!}\right)^3 = \dfrac{2}{\pi}.$$

35. $\cfrac{1}{1 + \cfrac{e^{-2\pi}}{1 + \cfrac{e^{-4\pi}}{1 + \cfrac{e^{-6\pi}}{1 + \cdots}}}} = \left(\sqrt{\dfrac{5+\sqrt{5}}{2}} - \dfrac{\sqrt{5}-1}{2}\right) e^{\frac{2\pi}{5}}.$

36. $1 + \dfrac{1}{1\cdot 3} + \dfrac{1}{1\cdot 3\cdot 5} + \dfrac{1}{1\cdot 3\cdot 5\cdot 7} + \cdots +$

$$\cfrac{1}{1 + \cfrac{1}{1 + \cfrac{2}{1 + \cfrac{3}{1 + \cfrac{4}{1 + \cdots}}}}} = \sqrt{\dfrac{e\pi}{2}}.$$

在最后一个让人着迷的公式中, e 和 π 既不单独用级数之和也不单独用无穷连分数来表示!

我们仅仅展示给大家庞大的公式世界的一小隅. 它们之中的某些公式也许你已经遇到过, 而其他的你也许还仅仅初次见到.

(阿·叶果洛夫,《量子》2004 年第 2 期.)

❖彭赛列三角形巧合点的轨道

几何中最复杂和最漂亮的定理之一是彭赛列定理. 下面是这个定理的简述.

定理 1　设圆 β 位于圆 α 的内部. 从圆 α 上的点 A 引圆 β 的切线并取它与圆 α 的第二个交点 A_1（图 1）. 从点 A_1 再作圆 β 的切线并取它与圆 α 的交点 A_2. 类似地，得到点 $A_3, A_4, \cdots$，如果 $A_n = A$，那么对于圆 α 上任意一点 $\widetilde{A}$，点 $\widetilde{A}_n$ 与 $\widetilde{A}$ 重合.

对于任意 n 的彭赛列定理的证明能够在依·费·沙雷金的习题集中找到：《几何习题集（9－11 年级）》（莫斯科：大鸨出版社，1996），问题 614-615. 但是我们仅对 $n=3$ 的情况感兴趣.

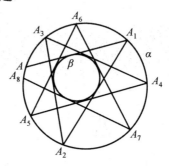

图 1

一、对于 $n=3$ 的彭赛列定理

在证明三角形的彭赛列定理之前先证明欧拉公式，它关联三角形的内切圆、外接圆的半径与它们圆心间的距离.

定理 2　设 R 为 $\triangle ABC$ 外接圆的半径，r 为它的内切圆半径，而 d 是两圆圆心之间的距离. 这时

$$d^2 = R^2 - 2Rr$$

证明　设 O 和 I 分别是外接圆和内切圆的圆心（图 2）. 通过点 O 和 I 引外接圆的直径，并且延长 $\angle B$ 的平分线与外接圆相交于点 M. 这时

$$MI \cdot BI = KI \cdot LI = (R-d)(R+d) \qquad (*)$$

我们发现，$\triangle MCI$ 是等腰三角形，并且 $MC = MI$. 事实上，由圆周角定理，有

$$\angle CMI = \angle A, \quad \angle MCA = \angle CBM = \frac{1}{2}\angle B$$

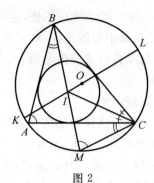

图 2

所以

$$\angle MCI = \frac{1}{2}\angle B + \frac{1}{2}\angle C = \frac{\pi - \angle A}{2}$$

此时

$$\angle MIC = \pi - \angle A - \frac{\pi - \angle A}{2} = \frac{\pi - \angle A}{2} = \angle MCI$$

由正弦定理,有

$$MI = MC = 2R\sin\frac{B}{2}$$

同时 $BI = \dfrac{r}{\sin\dfrac{B}{2}}$. 把 MI 和 BI 的表达式代入式($*$),得

$$2Rr = R^2 - d^2$$

这就是所要证明的.

现在设 α 是 $\triangle ABC$ 的外接圆,而 β 是内切圆. 在圆 α 上取任意一点 A' 并从它引圆 β 的两条切线(图3). 设 B' 和 C' 是这些切线与圆 α 异于点 A' 的交点. 我们来证明, $B'C'$ 与圆 β 相切.

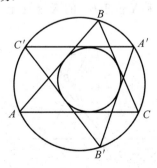

图 3

假设不是这样的.现在保持小圆的圆心不变,连续变化它的半径直到相切(如果 $B'C'$ 与圆相交,那么应该减小它的半径,如果不相交,那么应该增大它的半径);当 $B'C'$ 与圆相切,就与欧拉公式产生矛盾,△ABC 和 △A'B'C' 的 R 和 d 相同,而内切圆半径不相同.

于是对于三角形彭赛列定理证毕.

现在想象,点 A 沿着圆 α 滑动.这样运动的三角形称为彭赛列三角形.这时 △ABC 的巧合点也沿着某条线移动.(我们认为,三角形平面上的巧合点,它的确定与边的选择的次序无关.这些点是,中线,高,角平分线的交点,等等)

在上面提及的依·费·沙雷金的书中以及杜布罗夫斯基和先杰罗夫的文章《三角形的陷阱》(《量子》1999 年第 3 期)中已经证明了,三角形的重心沿着某一个圆周运动.我们来解这个问题,并且研究彭赛列三角形其他巧合点的轨道.

二、重心坐标

平面上点的重心坐标在解许多几何问题时是很有用的.在下文中它们将是我们研究的基本工具.

定义　设已知 △ABC 和点 X.数 $\alpha = \dfrac{S_{\triangle BCX}}{S_{\triangle ABC}}, \beta = \dfrac{S_{\triangle ACX}}{S_{\triangle ABC}}, \gamma = \dfrac{S_{\triangle ABX}}{S_{\triangle ABC}}$ 称为点 X 关于 △ABC 的重心坐标,并且如果 X 位于三角形之外,那么与 △ABC 无公共内点的三角形的面积被认为是负的,于是三个坐标的和等于 1.

不难确认,任何点的重心坐标是单值确定的,反之,任意的和为 1 的三个数 α, β, γ 单值确定平面上的一点.

因为有公共底边的两个三角形的面积之比等于它们的高之比,重心坐标等于点 X 到直线 BC,AC 和 AB 的距离与 △ABC 相应的高之比(但是取相应的符号).

例如,坐标 α 是正的,如果点 A 和 X 在 BC 的同一侧,那么等于零,如果 X 在 BC 上,并且是负的,那么 A 和 X 位于 BC 的两侧.在图 4 中指出了取决于点 X 位置的数 α, β, γ 的符号.

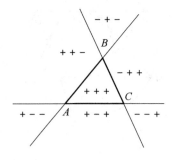

图 4

命题 设坐标分别为 $(\alpha_1,\beta_1,\gamma_1)$ 和 $(\alpha_2,\beta_2,\gamma_2)$ 的两点 X_1 和 X_2，Y 是具有坐标 (α,β,γ) 的点，它属于线段 X_1X_2. 这时

$$\alpha = \lambda\alpha_1 + (1-\lambda)\alpha_2, \beta = \lambda\beta_1 + (1-\lambda)\beta_2, \gamma = \lambda\gamma_1 + (1-\lambda)\gamma_2$$

这里 $\lambda = \dfrac{YX_2}{X_1X_2}$.

以后我们用得到表示重心坐标为 $(\alpha_1,\beta_1,\gamma_1)$ 和 $(\alpha_2,\beta_2,\gamma_2)$ 的两点之间距离 d 的公式

$$d^2 = -((\alpha_1-\alpha_2)(\beta_1-\beta_2)c^2 + (\alpha_1-\alpha_2)(\gamma_1-\gamma_2)b^2 + (\beta_1-\beta_2)(\gamma_1-\gamma_2)a^2)$$

$$(1)$$

公式(1)可借助不复杂的，但是相当长的计算来证明. 在完成了练习题 2 和 3 后，你将能够独立地证明它.

三、对称函数

多项式 $f(a,b,c)$ 称为对称的，如果对于变量 a,b,c 的任意一个置换它不改变. 能够证明(我们不在这里证明它)，$f(a,b,c)$ 能够用基本对称多项式来表示，即

$$\sigma_1 = a+b+c, \sigma_2 = ab+ac+bc, \sigma_3 = abc$$

例如

$$a^2b + a^2c + b^2c + b^2a + c^2a + c^2b$$
$$= (a+b+c)(ab+ac+bc) - 3abc$$
$$= \sigma_1\sigma_2 - 3\sigma_3$$

由公式(1)得知，对于三角形的巧合点 X_1 和 X_2，距离 X_1X_2 是边长 a,b,c 的对称函数. 由此给出了通过 $\sigma_1,\sigma_2,\sigma_3$ 来表示距离 X_1X_2 的可能性. 同理，函数 $\sigma_1,\sigma_2,\sigma_3$ 能够用半周长 p 以及半径 R 和 r 来表示. 首先，根据定义

$$\sigma_1 = a+b+c = 2p$$

进而

$$\sigma_2 = ab+ac+bc = p^2+r^2+4Rr \qquad (2)$$
$$\sigma_3 = abc = 4Rpr$$

对于 σ_3 的表示显然可由三角形面积 S 的两个公式得到：$S = rp$ 或 $S = \dfrac{abc}{4R}$.

这样，三角形任何两个巧合点之间的距离能用 p,r 和 R 的函数来表示. 我们主要的兴趣在于点 O 和 I 与其他巧合点之间的距离.

四、点 O 和 I 的重心坐标

这里我们计算基本点 —— 内切圆和外接圆圆心的重心坐标.

首先 $I = \left(\dfrac{a}{2p}, \dfrac{b}{2p}, \dfrac{c}{2p}\right)$. 为了证明它只要指出，$S_{\triangle ABC} = rp$，而 $S_{\triangle ABI} = \dfrac{1}{2}rc$，

所以 $\gamma = \dfrac{c}{2p}$. 类似地, $\alpha = \dfrac{a}{2p}$, $\beta = \dfrac{b}{2p}$.

为了计算点 O 的坐标, 我们指出, $S_{\triangle ABO} = \dfrac{1}{2}CR \mid \cos C \mid$. 事实上, 如果 $\angle C$ 是锐角, 那么 $\angle AOB = 2\angle C$, 但这时等腰 $\triangle AOB$ 的边 AB 上的高等于 $R\cos C$. 类似地, 如果 $\angle C$ 是钝角, 那么 $\angle AOB = 2\pi - 2\angle C$, 但这时 $\triangle ABC$ 的高等于 $-R\cos C$. 所以在任一情况下 $\gamma = \dfrac{cR\cos C}{2S}$, 又 $\cos C = \dfrac{a^2 + b^2 - c^2}{2ab}$, $R = \dfrac{abc}{4S}$, $S = rp$, 所以

$$\gamma = \frac{c^2 (b^2 + a^2 - c^2)}{16 p^2 r^2}$$

类似地, 可求 α 和 β.

于是

$$O = \left(\frac{a^2 (b^2 + c^2 - a^2)}{16 p^2 r^2}, \frac{b^2 (a^2 + c^2 - b^2)}{16 p^2 r^2}, \frac{c^2 (b^2 + a^2 - c^2)}{16 p^2 r^2} \right)$$

五、重心的轨道

请回想, 三角形中线的交点 M 称为它的重心. 因为联结重心和顶点的直线把三角形分成三个面积相等的三角形, 点 M 的重心坐标等于 $\left(\dfrac{1}{3}, \dfrac{1}{3}, \dfrac{1}{3} \right)$.

把点 I, O, M 的坐标代入公式(1), 经计算后得

$$IM^2 = \frac{5r^2 + p^2 - 16Rr}{9}$$

$$OM^2 = \frac{9R^2 + 8Rr + 2r^2 - 2p^2}{9}$$

引入直角坐标系, 它的中心在点 O, 并且横坐标轴通过直线 OI (图5), 使得点 I 有坐标 $(d, 0)$. 从所写出的表达式中消去 p^2, 我们得到方程

$$2IM^2 + OM^2 = \frac{3R^2 - 8Rr + 4r^2}{3} \tag{3}$$

设 (x, y) 是点 M 的直角坐标. 这时

$$OM^2 = x^2 + y^2$$

$$IM^2 = (x - d)^2 + y^2$$

把这些表达式代入方程(3)并把它变换成

$$\left(x - \frac{2}{3}d \right)^2 + y^2 = \rho^2 \left(\rho = \frac{R - 2r}{3} \right)$$

这是半径为 $\dfrac{R - 2r}{3}$, 以 O_1 为中心的圆, O_1 分线段 OI 成比例 $2 : 1$ (图6).

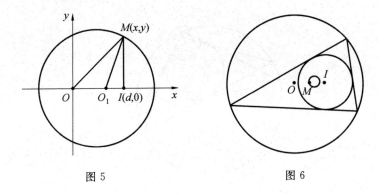

图 5　　　　　　　　　　　　　图 6

六、一个点的轨迹

在上面我们需要处理点 M 的轨迹,使 $2IM^2 + OM^2 = \text{const}$,这里 I 和 O 是固定的点.同理,要求点 X 的轨迹,使得

$$k_1 IX^2 + k_2 OX^2 = m^2$$

这里 I 和 O 为已知点,k_1, k_2 为数,而 m 为已知线段.

事实上,设 (x, y) 是点 X 的坐标,这时

$$OX^2 = x^2 + y^2$$

$$IX^2 = (x - d)^2 + y^2$$

根据问题条件,知

$$x^2 - \frac{2k_1 dx}{k_1 + k_2} + y^2 = \frac{m^2 - k_1 d^2}{k_1 + k_2}$$

或者(如果 $k_1 + k_2 \neq 0$)

$$\left(x - \frac{k_1 d}{k_1 + k_2} \right)^2 + y^2 = U$$

显然,当 $U > 0$ 时,得到以 $O_1 \left(\dfrac{k_1 d}{k_1 + k_2}, 0 \right)$ 为中心的圆;当 $U = 0$ 时,得到点 O_1;当 $U < 0$ 时,得到空集,这时点 O_1 位于直线 OI 上.如果 $k_1 + k_2 = 0$,那么点 X 的轨迹是一条垂直于直线 OI 的直线.

七、垂心的轨道

垂心 H,即三角形高的交点有重心坐标

$$\left(\frac{(c^2 + a^2 - b^2)(a^2 + b^2 - c^2)}{16p^2 r^2}, \frac{(c^2 + b^2 - a^2)(a^2 + b^2 - c^2)}{16p^2 r^2}, \frac{(c^2 + a^2 - b^2)(c^2 + b^2 - a^2)}{16p^2 r^2} \right)$$

但是为了确定垂心的轨道利用欧拉定理更合适,欧拉定理确定了,点 H, M 和 O 共线(欧拉线),并且 $HM = 2MO$.因为 M 沿着一个圆周移动,而点 O 不动,所以点 H 也沿着一个圆运动,这个圆与重心沿着其运动的圆位似,且位似比是 3(图 7).

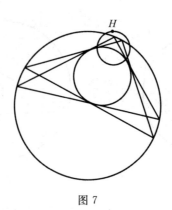

图 7

八、约尔刚点

联结三角形的顶点与内切圆和边的切点的三条线段的交点 G 称为约尔刚点(图 8). 它的重心坐标是

$$\left(\frac{(p-b)(p-c)}{r^2+4Rr},\ \frac{(p-a)(p-c)}{r^2+4Rr},\ \frac{(p-b)(p-a)}{r^2+4Rr}\right)$$

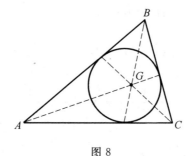

图 8

根据公式(1),我们得到

$$OG^2=R^2-\frac{4rp^2(R-r)}{(r+4R)^2}$$

$$IG^2=r^2-\frac{3r^2p^2}{(r+4R)^2}$$

消去 p^2,得

$$\frac{OG^2-R^2}{IG^2-r^2}=\frac{4}{3}\cdot\frac{R-r}{r}$$

即 $k_1OG^2+k_2IG^2=C$.

这里 k_1,k_2 和 C 通过常量 r 和 R 来表示. 这样,欲求的轨迹是圆心在直线 OI 上的一个圆周(图 9),从而 G 沿着一个圆周运动.

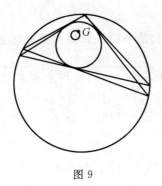

图 9

九、纳盖尔点

联结三角形的顶点与相应的旁切圆和边的切点的线段的交点称为纳盖尔点(图 10).

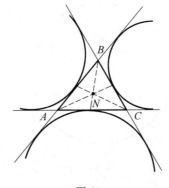

图 10

由对于点 M, I 和 N 的重心坐标的表达式得到,这些点共线且 $MN = 2MI$. 由此得,点 N 也描画一个圆(图 11).

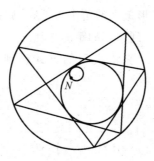

图 11

十、莱莫恩点

到三角形三边距离平方和最小的点 L 称为莱莫恩点. 它的重心坐标是

$$\left(\frac{a^2}{2(p^2-r^2-4Rr)}, \frac{b^2}{2(p^2-r^2-4Rr)}, \frac{c^2}{2(p^2-r^2-4Rr)}\right)$$

按公式(1) 计算,得

$$OL^2 = R^2 - 6Rrt - 3r(r+4R)t^2$$
$$IL^2 = 2r(r+R)t - 3r(r+4R)t^2$$

这里 $t = \dfrac{2Rr}{p^2-r^2-4Rr}$. 从这两个关系式中消去 t,得知,L 沿着曲线运动,它的方程是

$$k_1(x-x_0)^2 + k_2(y-y_0)^2 = \mathrm{const}$$

这里 $k_1 \neq k_2, k_1 > 0, k_2 > 0$. 这样的曲线是椭圆(图 12).

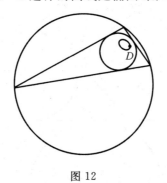

图 12

十一、托利拆利点

如果在 $\triangle ABC$ 的边上向外作正 $\triangle ABC_1$,$\triangle BCA_1$ 和 $\triangle ACB_1$,那么直线 A_1A,B_1B 和 C_1C 相交于一点 T_1,它称为第一托利拆利点(图 13(a)). 这个点具有极妙的极值性质:如果三角形最大的角小于 $120°$,那么从三角形顶点到点 T_1 距离之和小于平面上任意一点到顶点的距离之和.

存在第二托利拆利点 T_2,它由类似的方式得到,如果各正三角形作在 $\triangle ABC$ 的内部(图 13(b)).

点 T_1 和 T_2 的坐标与数

$$\frac{a}{\sin\left(A \pm \frac{\pi}{3}\right)}, \frac{b}{\sin\left(B \pm \frac{\pi}{3}\right)}, \frac{c}{\sin\left(C \pm \frac{\pi}{3}\right)}$$

成比例. 对于两个托利拆利点,求它们到点 O 和 I 距离的表达式相当复杂. 但是可以发现,从这些点的一个向另一个转化时,距离表达式中的 p 改变符号. 于是,这些点的轨道是一条曲线的两个部分. 能够证明,这条曲线是四次曲线.

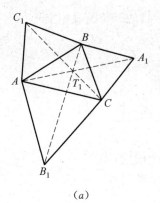

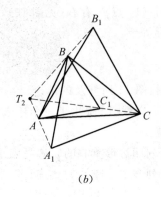

（a）　　　　　　（b）

图 13

十二、不动点

最后指出某些点，它们在三角形旋转时保持不动. 首先，是三角形内切圆和外接圆的位似中心. 此外，以彭赛列三角形的边与内切圆的切点为顶点的三角形的重心保持不动. 为了证明只要指出，这个点位于直线 OI 之上，并且以不依赖于 p 的比例分割线段 OI.

（扎斯拉夫斯基，科索夫，穆扎法罗夫，《量子》2003 年第 2 期.）

练 习 题

1. 请证明文中的命题.

2. 设点 X 有坐标 (α,β,γ). 这时 $\overrightarrow{AX}=\gamma\boldsymbol{b}-\beta\boldsymbol{c}$，这里 $\boldsymbol{b}=\overrightarrow{AC}$，$\boldsymbol{c}=\overrightarrow{BA}$.

3. 设 $\boldsymbol{u}=\overrightarrow{X_1X_2}$. 利用练习题 2 中的下列结果来计算点积 $u^2=\boldsymbol{u}\cdot\boldsymbol{u}$，则

$$\boldsymbol{u}=\overrightarrow{AX_2}-\overrightarrow{AX_1}=(\gamma_2-\gamma_1)\boldsymbol{b}-(\beta_2-\beta_1)\boldsymbol{c}$$

请借助于关系式 $\boldsymbol{a}+\boldsymbol{b}+\boldsymbol{c}=1$，$\alpha+\beta+\gamma=1$ 来变换得到的表达式.

4. 用 σ_1,σ_2 和 σ_3 表示函数：

$(1)a^2+b^2+c^2$ ；$(2)a^3+b^3+c^3$.

5. 试证明：对于 σ_2 的公式(2). (提示：请利用海伦公式 $S^2=p(p-a)(p-b)(p-c)$)

6. 试证明：对于垂心的重心坐标的公式，并利用三点共线的条件证明欧拉定理.

7. 试证明：约尔刚点 G 是存在的，即所提到的三条线段相交于一点，并证明关于点 G 的重心坐标的公式.

8.试证明:(1) 点 N 存在(见图10),即所指的三条线段相交于一点;(2) 点 N 的重心坐标等于

$$\left(\frac{p-a}{p}, \frac{p-b}{p}, \frac{p-c}{p}\right)$$

9.试证明:图 11 所涉及的结论.

译者注 文献[1]提出了一个还未解决的问题:

征解问题

(1)彭赛列四边形重心的轨迹是否是一个圆周?

(2)彭赛列多边形重心的轨迹是否是一个圆周?

参考文献

[1]瓦维洛夫 V V.献给科尔莫戈罗夫数学学校 ——50 周年[J].《量子》小丛书第 131 号,《量子》杂志,2014,3(附刊).

❖高斯和

一、正多边形

从正 n 边形的中心向它的各顶点 $A_1, A_2, \cdots, A_n$ 引向量(图1中, $n=7$). 得到向量系, 它们的和等于零向量

$$\overrightarrow{OA_1} + \overrightarrow{OA_2} + \cdots + \overrightarrow{OA_n} = \mathbf{0} \tag{1}$$

等式(1)的证明非常简单: 如果和不等于零向量, 那么当向量中的每一个旋转 $\dfrac{360°}{n}$, 和应该同时旋转 $\dfrac{360°}{n}$, 并且保持不变, 因为在旋转下向量之间互相循环转换.

德国数学家高斯(1777—1855)在1801年出版的著作《算术研究》中考察了比式(1)更复杂的公式. 出乎意料的是它们竟然对数论是非常重要的. 相应的向量之和获得"高斯和"的称谓. 本节就来谈谈这些公式.

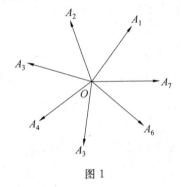

图1

二、问题 M1648

我们从《量子》征解问题开始.

M1648. 从单位圆的内接正 n 边的中心向这个多边形的某些顶点作向量. 这些向量和之长能否等于(1)1 998;(2) $\sqrt{1\ 998}$?

对两个问题的答案是肯定的. 我们从对问题(1)构造一个例子开始. 图2中向量之和 $\overrightarrow{OB_2} + \overrightarrow{OB_3} + \overrightarrow{OB_4}$ 的长等于2. 为了构造和的向量系, 除了六边形外, 我们考察五边形(图3). 由公式(1)知, 引自正五边形中心到四个顶点的四个向量之和 $\overrightarrow{OC_1} + \overrightarrow{OC_2} + \overrightarrow{OC_3} + \overrightarrow{OC_4}$ 与联结中心与第五个顶点的向量 $\overrightarrow{OC_5}$ 的方向相反. 五边形和六边形的顶点都位于正三十边形的顶点.

类似地, 为了构造和长为4的向量系, 我们再添加6个向量 $\overrightarrow{OA_1}, \cdots, \overrightarrow{OA_6}$, 它们联结七边形的中心和顶点(见图1). 照这样继续下去我们会得到有关问题

（1）的例子.

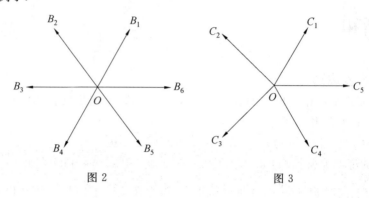

图 2　　　　　　　　　　图 3

阐明结构的形式的描述是这样的：设 $n_1, n_2, \cdots, n_{1998}$ 是两两互素的数. 考察正 $n_1 n_2 \cdots n_{1998}$ 边形. 固定它的某一个顶点 A. 我们称正 n_i 边形为"分出的" n_i 边形（$i=1,2,\cdots,1998$），如果它的一个顶点是点 A，而其余的顶点是 $n_1 n_2 \cdots n_{1998}$ 边形的顶点. 分出的 n_i 边形和 n_j 边形（$i \neq j$），由于 i 与 j 互素，有唯一的公共顶点 A. 考察从多边形的中心 O 到所有分出的 n_i 边形的所有顶点的向量（除了 A）. 它们的和等于 $-1998\overrightarrow{OA}$，这就是所要求的.

（2）下文中对于任意自然数 n，我们利用复数构造长为 $\sqrt{n}$ 的和，同时给出了一系列练习题. 做完它们的读者不用任何超出中学大纲的概念就能够得到问题（2）的解答（不过，实质上用到了特殊的数 $\sqrt{1998}$）.

三、单位根

现在我们把等式（1）写成相当出乎意料的形式. 为此考察方程 $z^n - 1 = 0$ 并把它的左边因式分解

$$(z-1)(z^{n-1} + z^{n-2} + \cdots + z + 1) = 0$$

也就是说，如果 $z^n = 1$ 且 $z \neq 1$，那么

$$z^{n-1} + z^{n-2} + \cdots + z + 1 = 0 \qquad (2)$$

文章"分圆多项式"（《量子》1998 年第 1 期）说明了，方程 $z^n = 1$ 有 n 个根 —— 单位根. 它们是单位圆内接正 n 边形的各顶点，且有形式

$$\zeta^k = \cos\frac{2\pi k}{n} + i\sin\frac{2\pi k}{n}$$

这里 $\zeta = \cos\frac{2\pi}{n} + i\sin\frac{2\pi}{n}$，$k=1,\cdots,n$. 所有 n 次单位根（$n>1$）的和等于 0，即

$$1 + \zeta + \cdots + \zeta^{n-2} + \zeta^{n-1} = 0$$

这实际上是等式（1）！

已知多项式 $z^n - 1$ 所有 n 个根 $\zeta, \zeta^2, \cdots, \zeta^n (=1)$，那么我们能够把它分解成

因式
$$z^n - 1 = (z - \zeta) \cdot (z - \zeta^2) \cdot \cdots \cdot (z - \zeta^{n-1}) \cdot (z - 1) \qquad (3)$$
两边消去 $z - 1$,得
$$z^{n-1} + z^{n-2} + \cdots + z + 1 = (z - \zeta) \cdot (z - \zeta^2) \cdot \cdots \cdot (z - \zeta^{n-1}) \qquad (4)$$
把 $z = 1$ 代入式(4)得
$$n = (1 - \zeta) \cdot (1 - \zeta^2) \cdot \cdots \cdot (1 - \zeta^{n-1}) \qquad (5)$$

设 n 是奇数. 这时式(5)右边的所有因式能够分解成共轭复数(即关于横坐标轴对称),对 $1 - \zeta^k = 1 - \cos \dfrac{2\pi k}{n} - \mathrm{i}\sin \dfrac{2\pi k}{n}$ 和 $1 - \zeta^{n-k} = 1 - \cos \dfrac{2\pi k}{n} + \mathrm{i}\sin \dfrac{2\pi k}{n}$(图 4).

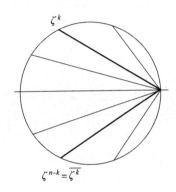

图 4

我们从每一对共轭因子中仅取一个数,它的绝对值是乘积的绝对值的平方根,即
$$\sqrt{n} = |\, (1 - \zeta) \cdot (1 - \zeta^2) \cdot \cdots \cdot (1 - \zeta)^{\frac{n-1}{2}} \,| \qquad (6)$$
把公式(6)中绝对值符号内的乘积打开括号,我们得到长度等于 $\sqrt{n}$ 的向量. 原来它是单位根的和(减号并没有给我们带来混乱,因为一个取负号的单位根总等于 1 的某个次数的单位根). 如果某些单位根在这个和中不止遇到一次,那么对于每一个能采取问题(1)中的方法:引入所有新的素数来代替这些根.

可惜的是,公式(6)仅给出向量的长,而没有给出它的方向. 得到方向已知的长为 $\sqrt{n}$ 的向量最简单的方法是借助于求高斯和的公式(参看下文的高斯和). 可以不用这个公式,而用更简便(但是并不常规)的方法,对练习题 8(1)中的公式利用变换正弦的乘积成余弦的差的公式 $\sin\alpha\sin\beta = \dfrac{1}{2}(\cos(\alpha - \beta) - \cos(\alpha + \beta))$ 以及类似的积化和差公式,得到公式

$$\sum_k 2\cos\frac{m_k}{2n}\pi=\sqrt{n}$$

这里 m_k 为整数. 进而能够利用, 角 π 的任何有理数份额的余弦的 2 倍是共轭的单位根之和 (其正是 $2\cos\dfrac{m_k}{2n}\pi=\eta^{m_k}+\eta^{-m_k}$, 这里 $\eta=\cos\left(\dfrac{\pi}{n}\right)+\mathrm{i}\sin\left(\dfrac{\pi}{n}\right)$ 为 $2n$ 次单位根).

四、高斯和

记

$$S_n=1+\zeta+\zeta^4+\zeta^9+\cdots+\zeta^{(n-1)^2} \tag{7}$$

经过一系列不成功的尝试之后高斯于 1811 年证明了

$$S_n=\begin{cases}\sqrt{n}\,, & n\equiv 1(\bmod 4)\\ 0\,, & n\equiv 2(\bmod 4)\\ \mathrm{i}\sqrt{n}\,, & n\equiv 3(\bmod 4)\\ (1+\mathrm{i})\sqrt{n}\,, & n\equiv 0(\bmod 4)\end{cases}$$

1835 年, 狄利克雷借助于傅里叶级数得到了这个结果的另一种证法. 可惜的是, 它也稍复杂, 我们不能在这里讨论了.

S_n 的绝对值不同于这个数的精确值, 我们容易在 n 是奇数的情况下求出它. 因为数的绝对值等于数与它的共轭数乘积的平方根, 所以只要证明公式

$$S_n\overline{S_n}=n \tag{8}$$

即

$$(1+\zeta+\zeta^4+\zeta^9+\cdots+\zeta^{(n-1)^2})(1+\overline{\zeta}+\overline{\zeta^4}+\overline{\zeta^9}+\cdots+\overline{\zeta^{(n-1)^2}})=n$$

大家知道, $\overline{\zeta}=\zeta^{-1}$. 打开括号, 当第一个括号内所取的数 ζ^{k^2} ($k=0,\cdots,n-1$) 与第二个括号内所取的被加项 ζ^{-m^2} ($m=0,\cdots,m-1$) 相乘时, 我们得到 $\zeta^{k^2-m^2}$. 记 a 和 b 为 n 除以数 $k-m$ 和 $k+m$ 的余数. 显然, $\zeta^{k^2-m^2}=\zeta^{ab}$. 任意一对余数 (a,b) 对应唯一的一对数 (k,m) (请证明!). 所以对每一次遇到的所有 n^2 对不同的数 (a,b) 求和, 得到

$$S_n\overline{S_n}=\sum_{b=0}^{n-1}\sum_{a=0}^{n-1}\zeta^{ab}$$

当 $b=0$ 时, 型如 ζ^{ab} 的所有 n 个被加数都等于 1. 当 $1\leqslant b<n$ 时, 和 $\displaystyle\sum_{a=0}^{n-1}\zeta^{ab}$ 等于 0. 等式 (8) 证毕.

练 习 题

1.利用问题 M1648(1) 解答中的例子证明,如果能把某个向量 r 表示成找到的形式(即从单位圆内接正多边形的中心到它的顶点的向量和的形式),那么也能把向量 av 表示成这样的形式,这里 a 是自然数.

2.试证明:如果能把长为 x 的向量表示成找到的形式,那么也能把下列长度的向量表示成这样的形式:(1) $x\sqrt{a^2+b^2}$,(2) $x\sqrt{a^2+2b^2}$,这里 a 和 b 是自然数.

注 如果能够用找到的形式表示某长度为 $\sqrt{m}$ 的向量,那么也能表示长为 $\sqrt{2m}$ 的向量.所以下面我们仅仅对奇数 n 寻找长为 $\sqrt{n}$ 的向量.

3.解问题 M1648(2).

4.为了得到等式(5),我们把 $z=1$ 代入等式(4),而它由等式(3)的两边除以 $z-1$ 得到.请解释,为什么能这样做,尽管不能除以零.

5.对于偶数 n 写出类似于等式(6)的等式.

6.(1) 在单位圆内内接正 n 边形 $A_1 A_2 \cdots A_n$ 中,求从顶点 A_n 出发的各边和对角线的乘积 $A_1 A_n \cdot A_2 A_n \cdot \cdots \cdot A_{n-1} A_n$;(2)求半径为 R 的圆内接正 n 边形的所有边和所有对角线的乘积.

7.设 $ABCDE$ 是以 O 为圆心的圆内接正五边形.如果 $AO=1$,点 P 关于点 A 与点 O 对称,试证明:$PB \cdot PC = \sqrt{31}$.

8.(1) 从等式(6)推导出,如果 n 是奇数,那么

$$2^{\frac{n-1}{2}} \sin\left(\frac{\pi}{n}\right) \cdot \sin\left(\frac{2\pi}{n}\right) \cdot \cdots \cdot \sin\left(\frac{\frac{n-1}{2}\pi}{n}\right) = \sqrt{n}$$

(2)求乘积

$$\sin\left(\frac{\pi}{n}\right) \cdot \sin\left(\frac{2\pi}{n}\right) \cdot \cdots \cdot \sin\left(\frac{\frac{n-2}{2}\pi}{n}\right)$$

这里 n 是偶数.

9.把数(1) $\sqrt{2}$;(2) $\sqrt{3}$;(3) $\sqrt{5}$ 表示成单位根和的形式.

10.当(1) $n=1,2,\cdots,6$;(2*) $n=7$;(3) $n=8,9,10$ 时计算式(7)中的 S_n.

11.试证明:(1) 如果 $n=4k+2$,这里 $k\in \mathbf{N}$,那么式(8)中的 $S_n=0$;(2)如果 $n=4k$,这里 $k\in \mathbf{N}$,那么 $|S_n|=\sqrt{2n}$.

12*.试证明:如果 p 是奇素数,那么 $S_p^2 = (-1)^{\frac{p-1}{2}} p$.

答案和提示

1. 略.

2. (1) 作如图 5 所示的向量加法,这里 $|\overrightarrow{OA}|=ax$,$|\overrightarrow{OB}|=bx$.

(2) 作如图 6 所示的向量加法,这里 $|\overrightarrow{OA}|=ax$,$|\overrightarrow{OB}|=|\overrightarrow{OC}|=bx$.

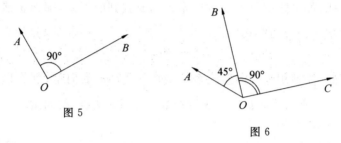

图 5

图 6

3. 提示:$\sqrt{1\,998}=\sqrt{3^2+18^2}\cdot\sqrt{2^2+2\cdot1^2}$.

4. 略.

5. $\sqrt{\dfrac{n}{2}}=|(1-\zeta)\cdot(1-\zeta^2)\cdots(1-\zeta^{\frac{n-2}{2}})|$.

6. $(1)\,n$;$(2)\,n^{\frac{n}{2}}\cdot R^{\frac{n(n-1)}{2}}$.

7. 把 $n=5$,$z=2$ 代入公式(3).(用余弦定理能够证明,$PB=\sqrt{6-\sqrt{5}}$,$PC=\sqrt{6+\sqrt{5}}$)

8. (1) $|1-\zeta^k|$ 为张角等于 $\dfrac{2\pi k}{n}$ 的弦的长度.所以 $|1-\zeta^k|=2\sin\left(\dfrac{\pi k}{n}\right)$(这里 $k=1,\cdots,\dfrac{n-1}{2}$).

(2) $\dfrac{\sqrt{n}}{2^{\frac{n-1}{2}}}$.

9. (3) 因为 $4\sin\dfrac{\pi}{5}\sin\dfrac{2\pi}{5}=\sqrt{5}$,所以我们有

$$\sqrt{5}=2\left(\cos\dfrac{\pi}{5}-\cos\dfrac{3\pi}{5}\right)=2\left(\cos\dfrac{\pi}{5}+\cos\dfrac{2\pi}{5}\right)$$

由此得到数 $\sqrt{5}$ 以 10 次单位根和的形式的表示

$$\sqrt{5}=\left(\cos\dfrac{\pi}{5}+i\sin\dfrac{\pi}{5}\right)+\left(\cos\dfrac{\pi}{5}-i\sin\dfrac{\pi}{5}\right)+$$

$$\left(\cos\frac{2\pi}{5}+\mathrm{i}\sin\frac{2\pi}{5}\right)+\left(\cos\frac{2\pi}{5}-\mathrm{i}\sin\frac{2\pi}{5}\right)$$

10. (1) $S_5=1+4\cos\dfrac{2\pi}{5}=1+4\,\dfrac{-1+\sqrt{5}}{4}=\sqrt{5}$.

(2) $S_7=1+\zeta+\zeta^4+\zeta^9+\zeta^{16}+\zeta^{25}+\zeta^{36}=1+\zeta+\zeta^4+\zeta^2+\zeta^2+\zeta^4+\zeta=$
$1+2(\zeta+\zeta^2+\zeta^4)$.

先计算实数部分

$$1+2\cos\frac{2\pi}{7}+2\cos\frac{4\pi}{7}+2\cos\frac{8\pi}{7}$$

$$=1+\left(\cos\frac{2\pi}{7}+\cos\frac{12\pi}{7}\right)+\left(\cos\frac{4\pi}{7}+\cos\frac{10\pi}{7}\right)+\left(\cos\frac{8\pi}{7}+\cos\frac{6\pi}{7}\right)=0$$

因为图 1 中的 7 个向量之和等于零.

现在计算虚数部分

$$2\left(\sin\frac{2\pi}{7}+\sin\frac{4\pi}{7}-\sin\frac{6\pi}{7}\right)=8\sin\frac{2\pi}{7}\sin\frac{4\pi}{7}\sin\frac{6\pi}{7}=\sqrt{7}$$

于是, $S_7=\mathrm{i}\sqrt{7}$.

(3) $S_8=1+\zeta+\zeta^4+\zeta^9+\zeta^{16}+\zeta^{25}+\zeta^{36}+\zeta^{49}$
$=1+\zeta+\zeta^4+\zeta+1+\zeta+\zeta^4+\zeta$
$=2+4\zeta+2\zeta^4=4\zeta$
$=2\sqrt{2}(1+\mathrm{i})$.

$S_9=3+2(\zeta+\zeta^4+\zeta^7)=3\,; S_{10}=0$.

11. (1) 如果 $n=2m$, 这里 m 是奇数, 那么
$$\zeta^{(m+t)^2}=\zeta^{m^2+2mt+t^2}=(\zeta^m)^m\cdot(\zeta^n)^t\cdot\zeta^{t^2}=(-1)^{nt}\cdot\zeta^{t^2}=-\zeta^{t^2}$$
$$(\text{当 }t=1,\cdots,m)$$

(2) 记 $a=k-m$, 得
$$S_n\,\overline{S_n}=\sum_{k=0}^{n-1}\sum_{m=0}^{n-1}\zeta^{k^2-m^2}=\sum_{a=0}^{n-1}\sum_{m=0}^{n-1}\zeta^{(a+m)^2-m^2}$$
$$=\sum_{a=0}^{n-1}\sum_{m=0}^{n-1}\zeta^{a^2+2am}=\sum_{a=0}^{n-1}\zeta^{a^2}\sum_{m=0}^{n-1}\zeta^{2am}$$

当 $a=0$ 或者 $a=\dfrac{n}{2}$ 时, 和 $\displaystyle\sum_{m=0}^{n-1}\zeta^{2am}$ 的所有 n 项都等于 1. 对于 a 所有其他的值, 和

$\displaystyle\sum_{m=0}^{n-1}\zeta^{2am}$ 等于 0. 所以
$$S_n\,\overline{S_n}=(1+\zeta^{(\frac{n}{2})^2})n=2n$$

12. 因为 $\overline{\zeta}=\zeta^{-1}$, S_p 的共轭数是和 $\overline{S_p}=1+\zeta^{-1}+\zeta^{-4}+\cdots+\zeta^{-(p-1)^2}$. 能够证

明下面的两个引理.由引理 1 得,如果素数 p 有形式 $p=4k+1$,这里 k 是自然数,那么和 $\overline{S_p}=1+\zeta^{-1}+\zeta^{-4}+\cdots+\zeta^{-(p-1)^2}$ 与和 $S_p=1+\zeta+\zeta^4+\cdots+\zeta^{(p-1)^2}$ 的区别仅仅在于被加数的先后次序,于是 $\overline{S_p}=S_p$,$S_p^2=S_p\,\overline{S_p}=p$. 而由引理 2 得,如果 $p=4k+3$,那么所考察的两个和式仅仅有一个公共的被加数 —— 数 1.这时

$$S_p+\overline{S_p}=2(1+\zeta+\zeta^2+\cdots+\zeta^{p-1})=0$$

于是

$$S_p^2=S_p\cdot(-\overline{S_p})=-p$$

引理 1 对于素数 $p=4k+1$ 存在这样的整数 x,使得 x^2+1 是 p 的倍数(换句话说,-1 是按素数模 $p=4k+1$ 的二次剩余).

引理 2 对于素数 $p=4k+3$ 仅仅是 p 的倍数的 x,y 满足等式 $x^2=-y^2(\bmod p)$.(特别地,-1 是按素数模 $p=4k+3$ 的二次剩余)

(维·先杰罗夫,阿·斯皮瓦克,《量子》1999 年第 1 期.)

❖谈谈角$\dfrac{\pi}{7}$ 和$\sqrt{7}$

本节讨论问题 M1513—— 证明

$$\tan\frac{3\pi}{7}-4\sin\frac{\pi}{7}=\sqrt{7}$$

本题有多种解法. 我们仅给出一种解法, 然后通过练习题来揭示这个等式的其他解法, 以及它的有趣变式, 推广和推论.

我们将要用到基本恒等式

$$2\cos\alpha\cos\beta=\cos(\alpha-\beta)+\cos(\alpha+\beta)$$
$$2\sin\alpha\sin\beta=\cos(\alpha-\beta)-\cos(\alpha+\beta) \qquad (1)$$
$$2\sin\alpha\cos\beta=\sin(\alpha+\beta)+\sin(\alpha-\beta)$$

和它们的特殊情况(当 $\alpha=\beta$).

记 $\eta=\dfrac{\pi}{7}$, 我们有 $\sin 3\eta=\sin 4\eta,\sin\eta=\sin 6\eta,\cos 2\eta=-\cos 5\eta,$ $\cos 6\eta=\cos 8\eta=-\cos\eta$, 等等. 这些角的主要性质是

$$2\cos 2\eta+2\cos 4\eta+2\cos 6\eta=-1 \qquad (2)$$

等价于

$$2\cos\eta+2\cos 3\eta+2\cos 5\eta=1 \qquad (2')$$

下面是等式(2)的几何证明. 考察诸向量, 它们从点$(0,0)$, 即从正七边形的中心到顶点, 其中一个顶点位于点$(1,0)$(图 1). 因为这七个向量之和等于 **0**(要知道绕中心旋转角 2η 后它的值不变!), 所以它们在轴 Ox 上的射影之和等于 0.

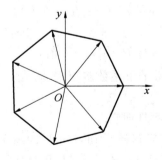

图 1

(式(2)和式($2'$)的另一种证法也可以这样得到:两边同乘以 $\sin\eta$ 并利用积化和差公式(1).)

于是,我们应该证明等式

$$\tan 3\eta - 4\sin\eta = \sqrt{7} \tag{3}$$

两边同乘以 $\cos 3\eta$,变换左边,得

$$L = \sin 3\eta - 2(\sin 4\eta - \sin 2\eta) = 2\sin 2\eta - \sin 4\eta \tag{4}$$

需要证明,这个(正)数的平方等于 $7\cos^2 3\eta$.事实上

$$7\cos^2 3\eta - L^2 = \frac{7(1+\cos 6\eta)}{2} - (2 - 2\cos 4\eta) +$$

$$(2\cos 2\eta - 2\cos 6\eta) - \frac{1 - \cos 6\eta}{2}$$

$$= 2\cos 2\eta + 2\cos 4\eta + 2\cos 6\eta + 1 = 0$$

下面是几个问题及备注.首先我们指出,变换式(4),得

$$L = 2\sin 2\eta(1 - \cos 2\eta) = 4\sin^2\eta \cdot \sin 2\eta$$

$$= 4\sin\eta \cdot \sin 6\eta \cdot \sin 2\eta = 8\sin\eta \cdot \sin 2\eta \cdot \sin 3\eta \cdot \cos 3\eta$$

所以式(3)能够改写成

$$8\sin\eta \cdot \sin 2\eta \cdot \sin 3\eta = \sqrt{7} \tag{5}$$

(它当然比式(3)漂亮多了!).与这个等式相关的是下面一组练习题.

练　习　题

1.证明等式:

(1) $\cos 2\eta \cdot \cos 4\eta + \cos 2\eta \cdot \cos 6\eta + \cos 4\eta \cdot \cos 6\eta = -\dfrac{1}{2}$;

(2) $\cos 2\eta \cdot \cos 4\eta \cdot \text{co}\, 6\eta = -\cos\eta \cdot \cos 2\eta \cdot \cos 4\eta = \dfrac{1}{8}$;

(3) 由此推出, $\cos 2\eta, \cos 4\eta, \cos 6\eta$ 是下面方程的根

$$P_3(t) \equiv 8t^3 + 4t^2 - 4t - 1 = 0 \tag{6}$$

(而 $\cos\eta, \cos 3\eta, \cos 5\eta$ 是方程 $P_3(-t) = 0$ 的根).

(4*)是否存在较低次数的整系数多项式,它有上一问中的六个余弦中至少一个作为根?

2.把式(5)两边平方,再证明它.

我们给等式(5)一个几何解释:从正七边形的顶点 $(1,0)$ 到其余六个顶点距离的乘积等于7(见图1).把7换成 n 后我们用复数解释这点.设 $1, \alpha_1, \alpha_2, \cdots, \alpha_{n-1}$ 是方程 $z^n = 1$ 的根,它们用指向正 n 边形顶点的向量来表示,并且

$$|1 - \alpha_k| = 2\sin\left(\frac{\pi k}{n}\right) \quad (1 \leqslant k \leqslant n-1)$$

3. 证明恒等式

$$(z-\alpha_1)\cdot(z-\alpha_2)\cdots(z-\alpha_{n-1})=1+z+z^2+\cdots+z^{n-1}$$

4. 证明等式：

(1) $(1-\alpha_1)\cdot(1-\alpha_2)\cdots(1-\alpha_{n-1})=n$；

(2) $\sin\dfrac{\pi}{n}\cdot\sin\dfrac{2\pi}{n}\cdots\sin\dfrac{(n-1)\pi}{n}=\dfrac{n}{2^{n-1}}$.

并由此得出式(5).

5. 求内接于半径为 1 的圆的正 n 边形所有边和所有对角线的乘积.

现在回到三角.式(3)的左边能用另一种方法变换.

6.(1) 证明等式

$$2\sin^2 3\eta=1+\cos\eta,\ 2\cos^2 3\eta=1-\cos\eta,\ \tan 3\eta=\frac{1+\cos\eta}{\sin\eta}$$

(2) 请由此证明,式(3)等价于 $P_3(-\cos\eta)=0$.

于是,从练习题 1 的结果还能得到式(3)的一个证明.实际上同一个多项式 P_3 还将在下面一些几何问题中遇到.

7. 设 $\triangle ABC$ 为等腰三角形(图 2),其底边 $AC=1$ 且顶角 $\angle B=\eta=\dfrac{\pi}{7}$；$D$ 和 E 为 BC 上的两点,使得 $\angle BAD=\angle DAE=\angle EAC=\eta$. 令 $2\cos\eta=u$. 试证明:

(1) $AB=BC=u^2-1,\ BD=\dfrac{u^2-1}{u},\ DE=\dfrac{1}{u},\ EC=\dfrac{1}{u^2-1}$；

(2)

$$u^3-u^2-2u+1=0 \tag{7}$$

这个几何方法可推导出练习题 1(3)中关于 $\cos\eta$ 的方程,而在下一道练习题中甚至出现 $\sqrt{8}$ (图 3).

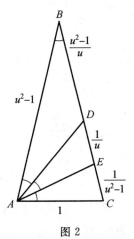

图 2

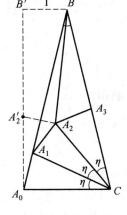

图 3

163

8. 设 $\triangle A_0BC$ 是底边 $A_0C=2$，顶角 $\angle B=\eta$ 的等腰三角形，$A_0,A_1,A_2,\cdots$ 为以 C 为中心的正十四边形的顶点（见图 3），A'_2 是关于直线 A_0B 与 A_2 对称的点.

(1) 试证明：等式（3）等价于，距离 A'_2B 等于 $\sqrt{8}$.

(2) 利用等式（7）或者等式（2），证明 $A_2B=\sqrt{8}$.

9. (1) 试证明：内接于半径为 2 的三个角为 $\eta,2\eta,4\eta$ 的三角形的面积等于 $\sqrt{7}$.

(2) 由此推导出等式

$$2(\sin 2\eta + \sin 4\eta - \sin 6\eta) = \sqrt{7}$$

(3) 试从上一问中的等式推得式（5）和式（3）.恰巧，在第一小问中讨论的三角形的各角是 η 的倍数，面积通过外接圆半径用平方根式表示的三角形中唯一的一个！而这样的事实表明：这样的三角形的边长，即正七边形顶点之间的距离不能通过半径用平方根来表示，是由一个一般的代数定理（它说的是，具有相应根的不可约多项式应该有次数 2^k）以及下题的结果得到的.这是关于 $\eta=\frac{\pi}{7}$ 和 $\sqrt{7}$ 的最后一个问题，最困难的问题回答了：为什么用这样的多项式来操作，它的根是 η 倍数的角的余弦而不是正弦.

10. (1) 试证明：$v=2\sin\eta$ 是多项式 $v^3+\sqrt{7}v^2-\sqrt{7}$ 的根.

(2) 求 6 次整系数多项式，它的一个根等于 $\sin\eta$.

(3) 求(1) 和(2) 中的多项式的所有根.

(4*) 是否存在次数较低的整系数多项式，它有这些数中的一个作为根？

(5) 由(1) 或者(2) 推导等式（3）或者等式（5）.

11. 证明等式

$$\tan\frac{3\pi}{11} + 4\sin\frac{2\pi}{11} = \sqrt{11}$$

答案和提示

1. (1) 可利用恒等式

$$xy + yz + zx = \frac{1}{2}((x+y+z)^2 - (x^2+y^2+z^2))$$

和等式（2）.

(2) 利用韦达定理.

(3) 试证明，$P_3(t)$ 不能表示成大于 0 次，有理系数多项式的乘积形式.由此推得，对于任意次数小于 3 的有理系数多项式 $Q(t)$，存在多项式 $f(t)$ 和 $g(t)$，

使得 $f(t)P_3(t)+g(t)Q(t)=1$.

2. 略.

3. 当 $z \neq 1$ 时,恒等式两边都等于 $\frac{z^n-1}{z-1}$.

4. 略.

5. $n^{\frac{n}{2}}$.

6. 略.

7. (1) 利用正弦定理.

(2) $BC = BD + DE + EC$.

8. (1) 注意到 $\angle A'_2 A_0 C = \frac{\pi}{2}$, 投射 B 到 $A'_2 A_0$. 利用等式 $A_0 B' = \tan 3\eta$,

$A_0 A'_2 = 4\sin \eta$, 写出对于 $\triangle A'_2 B'B$ 的勾股定理.

(2) 在 $\triangle A_2 BC$ 中利用余弦定理求 $A_2 B$.

9. (2) 联结三角形的各顶点与圆心并利用面积相加.

(3) $2(\sin \eta + \sin 2\eta + \sin 4\eta) = \tan 3\eta$.

10. (1) 参看 6(1), 另一个方法: 先解 10(2).

(2) 方法 1: 变换式(6).

方法 2: 将多项式 $v^3 + \sqrt{7}v^2 - \sqrt{7}$ 乘以其共轭多项式.

方法 3: 提醒, η 是方程 $\sin 3x = \sin 4x$ 的根.

方法 4: 想到练习题 7 中的三角形(先写出三角形各边之间的关系,这个三角形不一定是等腰三角形,但其中一个角是另一个角的 2 倍).

方法 5(最聪明的办法): 打开等式 $(\cos x + \mathrm{i}\sin x)^7 = \cos 7x + \mathrm{i}\sin 7x$ 左边的括号并比较 $\sin 7x$ 与左边 i 的系数. 这个系数为具有一个零根的关于 $t = \sin x$ 的七次多项式.

(3) (1) 中的正根是唯一的; $(-v)$ 不是根.

(4) 不存在. 多项式

$$P_6(t) = 64t^6 - 112t^4 + 56t^2 - 7$$

不能分解成两个非零次整系数多项式的乘积. 这可由著名的埃森斯坦判据得出.

11. 构造以 $\sin \frac{\pi}{11}$ 为根的整系数多项式 $P_{10}(t)$. 为此请考察练习题 10(2): 11 也是奇数,所以可同理得到结论. 现在请把问题的等式变换成型如 $P_{10}\left(\frac{\sin \pi}{n}\right) = 0$ 的形式. 能否解得更简单些呢?

(阿·华西里也夫,《量子》1996 年第 2 期.)

❖怎样证明这个不等式?

在本节中我们考察一个相当简单的方法,但是它能用来证明远非简单的三个变量的不等式. 我们在下列问题中说明它.

问题 设 a,b,c 是任意正数,$A(a,b,c)$ 是它们的算术平均值

$$A(a,b,c)=\frac{a+b+c}{3}$$

函数 $M(a,b,c)$ 由下面的公式给出

$$M(a,b,c)=a+b+c+\sqrt{a^2+b^2+c^2}$$

试证明:成立不等式

$$\frac{M(ab,bc,ca)}{M(a,b,c)}\leqslant A(a,b,c) \tag{1}$$

即

$$\frac{ab+bc+ca+\sqrt{a^2b^2+b^2c^2+c^2a^2}}{a+b+c+\sqrt{a^2+b^2+c^2}}\leqslant\frac{a+b+c}{3} \tag{1'}$$

式(1)(1′)中的等式成立,当且仅当 $a=b=c$.

命题的几何意义是这样的. 设 $LNKEL_1N_1K_1E_1$(或者简称 Ⅱ)是以 a,b,c 为三度和对角线长度为 t 的直平行六面体(即 $LK=a,LE=b,LL_1=c,LN_1=t$). 记 P 是以 $a+b+c$ 和 $a+b+c+t$ 为边的矩形,而 $S(P)$ 是它的面积. 平面 L_1KE 从平行六面体 Ⅱ 中截取直四面体 L_1LKE(简称 T)(即具有三条互相垂直的棱的),它的全表面积记为 $S(T)$. 现在,我们指出

$$M(a,b,c)=a+b+c+t$$

$$M(ab,bc,ca)=2S(T)$$

$$M(a,b,c)\cdot A(a,b,c)=\frac{S(P)}{3}$$

所以命题意味着

$$S(T)\leqslant\frac{S(P)}{6}$$

并且等式成立,当且仅当平行六面体 Ⅱ 为正方体.

❖几道练习题

在以下的讨论中函数
$$D(x,y,z)=x^2+y^2+z^2-xy-yz-zx \tag{1}$$
起到重要的作用.

练习题 1 对于任意实数 x,y,z 是否成立不等式
$$D(x,y,z)\geqslant 0$$

在怎样的条件下成立等式?

解答
$$D(x,y,z)=\frac{(x-y)^2+(y-z)^2+(z-x)^2}{2}$$

所以对于任意 $x,y,z,D\geqslant 0$,当且仅当 $x=y=z$ 时等式成立.

练习题 2 对于任意实数 x,y,z 是否成立不等式
$$3(xy+yz+zx)\leqslant (x+y+z)^2 \tag{2}$$

解答
$$(x+y+z)^2-3(xy+yz+zx)=D(x,y,z)$$

所以不等式(2)对于任意实数 x,y,z 为真,并且当且仅当 $x=y=z$ 时等式成立.

练习题 3 对于任意实数 a,b,c,是否成立二重不等式
$$(ab+bc+ca)^2\leqslant 3(a^2b^2+b^2c^2+c^2a^2)\leqslant (a^2+b^2+c^2)^2 \tag{3}$$

解答 利用公式(1)和练习题 1 的解答,我们有
$$(a^2+b^2+c^2)^2-3(a^2b^2+b^2c^2+c^2a^2)=D(a^2,b^2,c^2)\geqslant 0$$
$$3(a^2b^2+b^2c^2+c^2a^2)-(ab+bc+ca)^2=2D(ab,bc,ca)\geqslant 0$$

所以公式(3)对于任意实数 a,b,c 为真,并且当且仅当 $a=b=c$ 时等式成立.

练习题 4 试证明:当每一个 $\lambda\leqslant 1$ 时,严格不等式
$$a+b+c>\lambda\sqrt{a^2+b^2+c^2} \tag{4}$$
对于任意正数 a,b,c 成立.

解答 因为
$$(a+b+c)^2=a^2+b^2+c^2+2(ab+bc+ca)$$

所以
$$(a+b+c)^2>a^2+b^2+c^2$$

因为 $a,b,c>0$,由此得 $a+b+c>\sqrt{a^2+b^2+c^2}$. 于是,不等式(4)为真.

练习题 1～4 所说的事实允许处理非常困难的不等式的证明.

现在我们来解下列问题.

考察函数

$$F(a,b,c) = (a+b+c)^2 + (a+b+c)\sqrt{a^2+b^2+c^2} - $$
$$3(ab+bc+ca) - 3\sqrt{a^2b^2+b^2c^2+c^2a^2} \qquad (5)$$

容易验证,当 $a=b=c$ 时 $F=0$. 我们考察数 a,b,c 中至少有两个不同的情况. 我们来证明这时 $F>0$. 为此稍微减小式(5)的右边并且证明,甚至在减小之后它仍旧是正的. 为了减小式(5)的右边,我们稍微增大正的被减项(最好是含根式的项),则我们有(见练习题3)

$$a^2b^2 + b^2c^2 + c^2a^2 < \frac{(a^2+b^2+c^2)^2}{3}$$

所以

$$F(a,b,c) > (a+b+c)^2 - 3(ab+bc+ca) + $$
$$(a+b+c)\sqrt{a^2+b^2+c^2} - \sqrt{3(a^2+b^2+c^2)}$$
$$= D(a,b,c) + \sqrt{a^2+b^2+c^2} \cdot (a+b+c - \sqrt{3(a^2+b^2+c^2)})$$
$$= D(a,b,c) + \sqrt{a^2+b^2+c^2} \cdot \frac{(a+b+c)^2 - 3(a^2+b^2+c^2)}{a+b+c + \sqrt{3(a^2+b^2+c^2)}}$$
$$= D(a,b,c) + \sqrt{a^2+b^2+c^2} \cdot \frac{(-2D(a,b,c))}{a+b+c + \sqrt{3(a^2+b^2+c^2)}}$$
$$= \frac{D(a,b,c)}{a+b+c + \sqrt{3(a^2+b^2+c^2)}} \cdot (a+b+c - (2-\sqrt{3})\sqrt{a^2+b^2+c^2})$$

但是,对于任意 $\lambda \leqslant 1$, $a+b+c > \lambda\sqrt{a^2+b^2+c^2}$(见练习题4)(特别是对于 $\lambda = 2-\sqrt{3}$). 所以,$F>0$. 于是,对于任意正数 a,b,c, $F \geqslant 0$,当且仅当 $a=b=c$ 时 $F=0$.这时题断为真.

请独立解答下列问题.

1.数 $\sqrt{\dfrac{x^2+y^2+z^2}{3}}$ 称为数 x,y,z 的平方平均 $Q(x,y,z)$. 是否为真:对于任意三个实数,它们的算术平均 $A(x,y,z)$ 不能大于它们的平方平均,即 $A(x,y,z) \leqslant Q(x,y,z)$?

2.设 a,b,c 为三个实数(它们之中能够有负数).请指出使严格不等式

$$abc > \frac{a^3+b^3+c^3}{3}$$

成立的充要条件.

3.试证明:对于任意正数 a,b,c,成立严格的不等式

$$\sqrt{a^2b^2+b^2c^2+c^2a^2}\,(a+b+c+\sqrt{a^2+b^2+c^2})$$

$$> 0.9(a+b+c)(ab+bc+ca)$$

答案

1.是的.当且仅当 $x=y=z$ 时等式成立.

2.$a+b+c<0$,并且在数 a,b,c 中至少有两个是不同的.

(M.巴尔克,M.马扎洛夫,《量子》1995 年第 6 期.)

❖三角代换

我们考察下列问题:在任意七个不同的数中找得到两个数和 x 和 y,使得

$$0 < \frac{x-y}{1+xy} < \frac{1}{\sqrt{3}}$$

设 $a_1, a_2, \cdots, a_\eta$ 是已知数. 对于任意数 a 在区间 $\left(-\frac{\pi}{2}, \frac{\pi}{2}\right)$ 中找得到数 α,使得 $a = \tan \alpha$. 设 $a_1 = \tan \alpha_1, a_2 = \tan \alpha_2, \cdots, a_\eta = \tan \alpha_\eta$. 在数 $\alpha_1, \alpha_2, \cdots, \alpha_\eta$ 中找得到两个数,它们之间的差小于 $\frac{\pi}{6}$(请想一想,为什么). 设这是数 α 和 β,并且 $\alpha > \beta$. 这时

$$0 < \frac{\tan \alpha - \tan \beta}{1 + \tan \alpha \tan \beta} = \tan(\alpha - \beta) < \tan \frac{\pi}{6} = \frac{1}{\sqrt{3}}$$

这意味着,数 $x = \tan \alpha, y = \tan \beta$ 是所要求的数.

现在来谈谈三角代换.

一、如果 $x^2 + y^2 = 1$

如果在问题中遇到等式 $x^2 + y^2 = 1$,那么代换 $x = \sin \alpha, y = \cos \alpha$,通常是有益的.

问题 1　解方程组

$$\begin{cases} x^2 + y^2 = 1 \\ 4xy(2y^2 - 1) = 1 \end{cases}$$

作代换 $x = \sin \alpha, y = \cos \alpha (0 \leqslant \alpha \leqslant 2\pi)$,得 $\sin 4\alpha = 1$. 也就是说 $4\alpha = \frac{\pi}{2} + 2k\pi$,这里 $k = 0, 1, 2, 3$. 现在已经不难写出答案

$$\left(\frac{\sqrt{2 - \sqrt{2}}}{2}, \frac{\sqrt{2 + \sqrt{2}}}{2}\right), \left(\frac{\sqrt{2 + \sqrt{2}}}{2}, -\frac{\sqrt{2 - \sqrt{2}}}{2}\right)$$

$$\left(-\frac{\sqrt{2 - \sqrt{2}}}{2}, -\frac{\sqrt{2 + \sqrt{2}}}{2}\right), \left(-\frac{\sqrt{2 + \sqrt{2}}}{2}, \frac{\sqrt{2 - \sqrt{2}}}{2}\right)$$

可以看到,这些代换"战胜"了问题. 这时如果不用三角代换,那么解答将是相当复杂的.

二、如果 $xy + yz + zx = 1$

我们来证明,如果数 x, y, z 满足等式 $xy + yz + zx = 1$,那么找得到数 α, β, γ,使得 $x = \tan \frac{\alpha}{2}, y = \tan \frac{\beta}{2}, z = \tan \frac{\gamma}{2}$ 及 $\alpha + \beta + \gamma = \pi$. 事实上,令 $x = \tan \frac{\alpha}{2}$,

$y = \tan \dfrac{\beta}{2}(-\pi < \alpha, \beta < \pi).$ 因为 $z = \dfrac{1-xy}{x+y}$（我们指出, $x+y \neq 0$）, 所以

$$z = \cot \frac{\alpha+\beta}{2} = \tan\left(\frac{\pi}{2} - \frac{\alpha+\beta}{2}\right)$$

剩下令 $\gamma = \pi - (\alpha+\beta).$

问题 2 解方程组

$$\begin{cases} 3\left(x + \dfrac{1}{x}\right) = 4\left(y + \dfrac{1}{y}\right) = 5\left(z + \dfrac{1}{z}\right) \\ xy + yz + zx = 1 \end{cases}$$

因为

$$\frac{x}{3(1+x^2)} = \frac{y}{4(1+y^2)} = \frac{z}{5(1+z^2)}$$

所以数 x, y, z 有相同的符号, 并且如果 (x, y, z) 是方程组的解, 那么 $(-x, -y, -z)$ 也是它的解. 所以只需寻找正根, 作代换 $x = \tan \dfrac{\alpha}{2}, y = \tan \dfrac{\beta}{2},$ $z = \tan \dfrac{\gamma}{2}(0 < \alpha, \beta, \gamma < \pi, \alpha + \beta + \gamma = \pi),$ 得

$$\frac{\sin \alpha}{3} = \frac{\sin \beta}{4} = \frac{\sin \gamma}{5}$$

现在由正弦定理知, α, β, γ 是边长之比为 $3, 4, 5$ 的三角形的角. 这是直角三角形, 其中 $\gamma = \dfrac{\pi}{2}, \sin \alpha = \dfrac{3}{5}, \sin \beta = \dfrac{4}{5},$ 即 $\tan \dfrac{\alpha}{2} = \dfrac{1}{3}, \tan \dfrac{\beta}{2} = \dfrac{1}{2}, \tan \dfrac{\gamma}{2} = 1.$ 所以该题的答案是

$$\left\{ \left(\frac{1}{3}, \frac{1}{2}, 1\right), \left(-\frac{1}{3}, -\frac{1}{2}, -1\right) \right\}$$

三、不等式

我们来指明, 如何利用三角代换来证明某些类型的不等式.

问题 3 已知 a, b, c, d 是正数. 试证明不等式

$$\sqrt{ab} + \sqrt{cd} \leqslant \sqrt{(a+d)(b+c)}$$

改写不等式成

$$\sqrt{\frac{a}{a+d} \cdot \frac{b}{b+c}} + \sqrt{\frac{c}{b+c} \cdot \frac{d}{a+d}} \leqslant 1$$

令 $\dfrac{a}{a+d} = \sin^2 \alpha, \dfrac{b}{b+c} = \sin^2 \beta (0 < \alpha, \beta < \dfrac{\pi}{2}).$ 这时不等式有形式

$$\sin \alpha \sin \beta + \cos \alpha \cos \beta \leqslant 1$$

即 $\cos(\alpha - \beta) \leqslant 1.$

这里三角代换能免脱根号并得到更简单的表达式. 再请看下例.

问题 4　已知 a,b,c 是正数,并且 c 是它们之中最小的. 试证明不等式

$$\left(\frac{c}{a}+\frac{c}{b}\right)\sqrt{ab} \leqslant \sqrt{(a+c)(b+c)}+\sqrt{(a-c)(b-c)} \leqslant 2\sqrt{ab}$$

改写不等式成

$$\frac{c}{a}+\frac{c}{b} \leqslant \sqrt{\left(1+\frac{c}{a}\right)\left(1+\frac{c}{b}\right)}+\sqrt{\left(1-\frac{c}{a}\right)\left(1-\frac{c}{b}\right)} \leqslant 2$$

令

$$\frac{c}{a}=\sin 2\alpha, \frac{c}{b}=\sin 2\beta \quad \left(0<\alpha,\beta<\frac{\pi}{4}\right)$$

不等式取形式

$$\sin 2\alpha + \sin 2\beta$$
$$\leqslant (\sin \alpha+\cos \alpha)(\sin \beta+\cos \beta)+(\cos \alpha-\sin \alpha)(\cos \beta-\sin \beta) \leqslant 2$$

或者

$$2\sin(\alpha+\beta)\cos(\alpha-\beta) \leqslant 2\cos(\alpha-\beta) \leqslant 2$$

我们指出,这个问题右边的不等式

$$\sqrt{(a+c)(b+c)}+\sqrt{(a-c)(b-c)} \leqslant 2\sqrt{ab}$$

是问题 3 中不等式的推论.

四、方程

三角代换也能用来解方程.

问题 5　解方程

$$\sqrt{1-x^2}=4x^3-3x$$

令 $x=\cos \alpha(0 \leqslant \alpha \leqslant \pi)$,得 $\sin \alpha=\cos 3\alpha$,或者

$$\cos 3\alpha-\cos\left(\frac{\pi}{2}-\alpha\right)=0$$

由此得

$$2\sin\left(\frac{\pi}{4}-2\alpha\right)\sin\left(\alpha+\frac{\pi}{4}\right)=0$$

于是 $\alpha=\frac{\pi}{8}$,或者 $\alpha=\frac{5\pi}{8}$,或者 $\alpha=\frac{3\pi}{4}$. 因为

$$\cos \frac{\pi}{8}=\sqrt{\frac{1+\cos \frac{\pi}{4}}{2}}=\frac{\sqrt{2+\sqrt{2}}}{2}$$

$$\cos \frac{5\pi}{8}=-\sqrt{\frac{1+\cos \frac{5\pi}{4}}{2}}=-\frac{\sqrt{2-\sqrt{2}}}{2}$$

$$\cos \frac{3\pi}{4}=-\frac{\sqrt{2}}{2}$$

所以解集是

$$\left\{-\frac{\sqrt{2}}{2}, -\frac{\sqrt{2-\sqrt{2}}}{2}, \frac{\sqrt{2+\sqrt{2}}}{2}\right\}$$

问题 6 解方程

$$x + \frac{x}{\sqrt{x^2-1}} = \frac{35}{12}$$

我们指出，$x > 1$. 令 $x = \frac{1}{\sin \alpha}(0 < \alpha < \frac{\pi}{2})$. 方程变形成 $\frac{1}{\sin \alpha} + \frac{1}{\cos \alpha} = \frac{35}{12}$.

记 $\sin \alpha + \cos \alpha = a$，$\sin \alpha \cos \alpha = b$. 解方程组

$$\begin{cases} 12a = 35b \\ a^2 - 1 = 2b \end{cases}$$

得 $a = \frac{7}{5}$，$b = \frac{12}{25}$.

于是，数 $\sin \alpha$ 和 $\cos \alpha$ 是二次方程 $t^2 - \frac{7}{5}t + \frac{12}{25} = 0$ 的根，即

$$\begin{cases} \sin \alpha = \frac{3}{5} \\ \cos \alpha = \frac{4}{5} \end{cases}$$

或者

$$\begin{cases} \sin \alpha = \frac{4}{5} \\ \cos \alpha = \frac{3}{5} \end{cases}$$

于是，答案为 $\left\{\frac{5}{3}, \frac{5}{4}\right\}$.

五、方程组

三角代换经常用于解循环方程组.

问题 7 方程组

$$\begin{cases} x + 3y = 4y^3 \\ y + 3z = 4z^3 \\ z + 3x = 4x^3 \end{cases}$$

有几个解？

改写这个方程组成

$$\begin{cases} x = 4y^3 - 3y \\ y = 4z^3 - 3z \\ z = 4x^3 - 3x \end{cases}$$

我们来证明,数 x,y,z 的绝对值不超过 1.事实上,如果 x 是 x,y,z 中最大的并且 $x>1$,那么 $z=4x^3-3x>x$.得到矛盾.如果假设,x 是最小的并且 $x<-1$,那么 $z=4x^3-3x<x$.又导致矛盾.于是,$-1\leqslant x,y,z\leqslant 1$,并且我们能够作代换 $x=\cos\alpha(0\leqslant\alpha\leqslant\pi)$.这时 $z=\cos 3\alpha,y=\cos 9\alpha,x=\cos 27\alpha$.显然,原方程组解的个数等于方程 $\cos\alpha=\cos 27\alpha$ 在区间 $[0,\pi]$ 上的解的个数.容易看到,这些解恰有 27 个,即

$$\alpha=\frac{k\pi}{13}(k=0,1,2,\cdots,13)$$

$$\alpha=\frac{k\pi}{14}(k=0,1,2,\cdots,13)$$

六、递推数列

最后,我们讨论三角代换中内容比较丰富的部分.我们探讨两个归结为递推数列的较困难的问题.在此我们将用三角方法解这些数列问题.

问题 8 $a_1,a_2,\cdots,a_n$ 是实数,且 $a_1^2+a_2^2+\cdots+a_n^2=1$.求表达式 $a_1a_2+a_2a_3+\cdots+a_{n-1}a_n$ 的最大值.

现考察数 c,使得不等式

$$a_1a_2+a_2a_3+\cdots+a_{n-1}a_n\leqslant c(a_1^2+a_2^2+\cdots+a_n^2)$$

对于任意实数 $a_1,a_2,\cdots,a_n$ 成立.c 中的最小值将是我们问题的答案.首先欲求的 c 的值不超过 1,因为

$$a_1^2+a_2^2+\cdots+a_n^2-a_1a_2-a_2a_3-\cdots-a_{n-1}a_n$$
$$=\frac{1}{2}\left[a_1^2+(a_2-a_1)^2+\cdots+(a_{n-1}-a_n)^2+a_n^2\right]\geqslant 0$$

相继按 $a_1,a_2,\cdots,a_{n-1}$ 分离平方项来变换表达式 $c(a_1^2+a_2^2+\cdots+a_n^2)-a_1a_2-a_2a_3-\cdots-a_{n-1}a_n$.

我们得到表达式

$$p_1\left(a_1-\frac{1}{2p_1}a_2\right)^2+p_2\left(a_2-\frac{1}{2p_2}a_3\right)^2+\cdots+p_{n-1}\left(a_{n-1}-\frac{1}{2p_{n-1}}a_n\right)^2+p_na_n^2$$

容易明白,$p_1=c$ 以及 $p_{k+1}=c-\frac{1}{4p_k}(k=1,2,\cdots,n-1)$.得到的表达式对于 $a_1,a_2,\cdots,a_n$ 所有的值非负,当且仅当所有的数 $p_1,p_2,\cdots,p_n$ 非负.这样问题归结为,求使得数列 $p_1,p_2,\cdots,p_n$ 所有的项非负的 c 的最小值.

因为 $0<c\leqslant 1$,所以我们能够令 $c=\cos\alpha$,这里 $0\leqslant\alpha<\frac{\pi}{2}$.这时

$$p_2=\cos\alpha-\frac{1}{4\cos\alpha}=\frac{4\cos^2\alpha-1}{4\cos\alpha}=\frac{2\cos\alpha\sin 2\alpha-\sin\alpha}{2\sin 2\alpha}=\frac{\sin 3\alpha}{2\sin 2\alpha}$$

进而

$$p_3 = \cos \alpha - \frac{\sin 2\alpha}{2\sin 3\alpha} = \frac{2\sin 3\alpha \cos \alpha - \sin 2\alpha}{2\sin 3\alpha} = \frac{\sin 4\alpha}{2\sin 3\alpha}$$

容易用归纳法证明,$p_k = \frac{\sin(k+1)\alpha}{2\sin k\alpha}(k=1,\cdots,n)$. 所以数 $p_1,p_2,\cdots,p_n$ 非负等

价于数 $\sin \alpha,\sin 2\alpha,\cdots,\sin(n+1)\alpha$ 非负. 于是,$0 \leqslant \alpha \leqslant \frac{\pi}{2}$,并且欲求的 c 的值

等于 $\cos \frac{\pi}{n+1}$.

问题 9　$x_1,x_2,\cdots,x_n$ 是正数,设 A 是数 $x_1,x_2 + \frac{1}{x_1},x_3 + \frac{1}{x_2},\cdots,x_n +$

$\frac{1}{x_{n-1}},\frac{1}{x_n}$ 中的最小者,B 是这些数中的最大者. 试证明:B 的最小值等于 A 的最

大值.

我们从考察下列情况开始

$$x_1 = x_2 + \frac{1}{x_1} = x_3 + \frac{1}{x_2} = \cdots = x_n + \frac{1}{x_{n-1}} = \frac{1}{x_n}$$

这时数 $x_1,x_2,\cdots,x_n$ 满足下列递推关系:$x_{k+1} = x_1 - \frac{1}{x_k}(k=1,\cdots,n-1)$.
类似的关系式已在上题中遇到过. 它也可用三角代换来解答.

我们先证明,$x_1 < 2$. 事实上,假设 $x_1 \geqslant 2$,相继得到,$x_2 \geqslant 1,x_3 \geqslant 1,\cdots,$

$x_n \geqslant 1$,但这时等式 $x_1 = \frac{1}{x_n}$ 是不可能的.

现在我们能令 $x_1 = 2\cos \alpha (0 < \alpha < \frac{\pi}{2})$. 如在上题中那样由归纳法容易证

明

$$x_k = \frac{\sin(k+1)\alpha}{\sin k\alpha} \quad (1 \leqslant k \leqslant n)$$

由条件 $x_1 = \frac{1}{x_n}$,得到

$$2\cos \alpha = \frac{\sin n\alpha}{\sin(n+1)\alpha}$$

由此得 $\sin(n+2)\alpha = 0$,即 $\alpha = \frac{\pi}{n+2}$.

现在我们证明,A 的最大值和 B 的最小值都等于 $2\cos \frac{\pi}{n+2}$. 只要有不等式

$A \leqslant 2\cos \frac{\pi}{n+2} \leqslant B$.

设所有的数 $x_1,x_2 + \frac{1}{x_1},x_3 + \frac{1}{x_2},\cdots,x_n + \frac{1}{x_{n-1}},\frac{1}{x_n}$ 都大于 $2\cos \frac{\pi}{n+2}$. 在这

种情况下,相继得到下列不等式

$$x_2 > \frac{\sin\frac{3\pi}{n+2}}{\sin\frac{2\pi}{n+2}}, x_3 > \frac{\sin\frac{4\pi}{n+2}}{\sin\frac{3\pi}{n+2}}, \cdots, x_n > \frac{\sin\frac{(n+1)\pi}{n+2}}{\sin\frac{n\pi}{n+2}}.$$

但是这时 $\frac{1}{x_n} < 2\cos\frac{\pi}{n+2}$.

于是,我们证明了不等式 $A \leqslant 2\cos\frac{\pi}{n+2}$. 类似地,可证明不等式 $2\cos\frac{\pi}{n+2} \leqslant B$.

关于三角代换的内容就介绍到这里. 在怎样的情况下这个方法是适用的,在怎样的情况下不适用? 只有你的经验能够帮助回答这个问题,而丰富的经验只能通过解答各种问题得到. 最后,我们建议读者解答一些练习题,它们能够成为你解题的资本.

练　习　题

1. 数 a,b,c,d 满足: $a^2+b^2=1, c^2+d^2=1, ac+bd=0$. 则 $ab+cd$ 等于多少?

2. 在方程组

$$\begin{cases} x^2+y^2=4 \\ z^2+t^2=9 \\ xt+zy=6 \end{cases}$$

所有的解中找到使表达式 $x+z$ 取最大值的解.

3. 解方程组

$$\begin{cases} xy+yz+zx=1 \\ \dfrac{1-x^2}{1+x^2} = \dfrac{2y}{1+y^2} = \dfrac{1-z^2}{1+z^2} \end{cases}$$

4. 已知 x,y,z 是正数,并且 $xy+yz+zx=1$. 试证明不等式

$$\frac{2x(1-x^2)}{(1+x^2)^2} + \frac{2y(1-y^2)}{(1+y^2)^2} + \frac{2z(1-z^2)}{(1+z^2)^2} \leqslant \frac{x}{1+x^2} + \frac{y}{1+y^2} + \frac{z}{1+z^2}$$

5. 已知 a,b,c 是正数,并且 c 是最小的. 试证明不等式

$$\left| \frac{c}{b} - \frac{c}{a} \right| \sqrt{ab} \leqslant \sqrt{c(a-c)} + \sqrt{c(b-c)} \leqslant \sqrt{ab}$$

6. 解方程

$$\sqrt{\frac{1-|x|}{2}} = 2x^2 - 1$$

7. 解方程组

$$\begin{cases} 2x + x^2 y = y \\ 2y + y^2 z = z \\ 2z + z^2 x = x \end{cases}$$

8. 已知 $a_1, a_2, \cdots, a_n$ 是实数，且 $a_1 = 0, a_1^2 + a_2^2 + \cdots + a_n^2 = 1$. 求表达式

$$(a_1 - a_2)^2 + (a_2 - a_3)^2 + \cdots + (a_{n-1} - a_n)^2$$

的最小值.

9. 已知 a, b 是正数，且 $a > b$. 试证明：不等式

$$\sqrt{a^2 - b^2} + \sqrt{2ab - b^2} \geqslant a$$

10. 已知 a, b, c, d 是正数，且 d 是它们之中的最大者. 试证明：不等式

$$\sqrt{a(d-b)(d-c)} + \sqrt{b(d-a)(d-c)} + \sqrt{c(d-a)(d-b)} \leqslant \sqrt{d^3} + \sqrt{abc}$$

11. 数 x, y, z 使得 $xy + yz + zx = 1$. 试证明

$$\frac{x}{1-x^2} + \frac{y}{1-y^2} + \frac{z}{1-z^2} = \frac{4xyz}{(1-x^2)(1-y^2)(1-z^2)}$$

12. 方程

$$8x(1 - 2x^2)(8x^4 - 8x^2 + 1) = 1$$

在区间 $[0, 1]$ 上有几个根?

13. 解方程

$$\sqrt{1-x} = 2x^2 - 1 + 2x\sqrt{1-x^2}$$

14. 数列 h_n 由下面条件给出：$h_1 = \frac{1}{2}$，对于每一个 $n, h_{n+1} = \sqrt{\dfrac{1 - \sqrt{1 - h_n^2}}{2}}$.

试证明：h_n 任意个项之和不超过 1.03.

15. 是否存在具有下列性质的由 100 个实数构成的集合：与每一个数 x 一起它包含数 $2x^2 - 1$?

16. 设

$$\rho(x, y) = \frac{|x - y|}{\sqrt{1 + x^2} \cdot \sqrt{1 + y^2}}$$

试证明：对于任意数 a, b, c，成立不等式

$$\rho(a, c) \leqslant \rho(a, b) + \rho(b, c)$$

17. 数列 x_n 由下列条件给出：$x_1 = 2, x_{n+1} = \dfrac{2 + x_n}{1 - 2x_n} (n \geqslant 0)$. 试证明：

(1) $x_n \neq 0$（对于所有 n）；

(2) 这个数列是非周期数列.

答案和提示

1. 0. 作代换 $a = \sin\alpha, b = \cos\alpha, c = \sin\beta, d = \cos\beta$.

2. $\left(\dfrac{4}{\sqrt{13}}, \dfrac{6}{\sqrt{13}}, \dfrac{9}{\sqrt{13}}, \dfrac{6}{\sqrt{13}}\right)$. 作代换 $x = 2\sin\alpha, y = 2\cos\alpha, z = 3\sin\beta, t = 3\cos\beta$.

3. 作代换 $x = \tan\dfrac{\alpha}{2}, y = \tan\dfrac{\beta}{2}, z = \tan\dfrac{\gamma}{2}$ $(\alpha + \beta + \gamma = \pi)$. 这时 $\cos\alpha = \sin\beta = \cos\gamma$.

4. 作代换 $x = \tan\dfrac{\alpha}{2}, y = \tan\dfrac{\beta}{2}, z = \tan\dfrac{\gamma}{2}$ $(0 < \alpha, \beta, \gamma < \pi, \alpha + \beta + \gamma = \pi)$.

5. 我们发现, $\left|\dfrac{c}{b} - \dfrac{c}{a}\right| \leqslant \sqrt{\dfrac{c}{b}\left(1 - \dfrac{c}{a}\right)} + \sqrt{\dfrac{c}{a}\left(1 - \dfrac{c}{b}\right)} \leqslant 1$, 令 $\dfrac{c}{a} = \cos^2\alpha, \dfrac{c}{b} = \cos^2\beta$ $\left(0 < \alpha, \beta \leqslant \dfrac{\pi}{2}\right)$.

6. $\left\{-\dfrac{\sqrt{5}+1}{4}, \dfrac{\sqrt{5}+1}{4}\right\}$. 作代换 $x = \cos\alpha$ $(0 \leqslant \alpha \leqslant \pi)$.

7. 令 $x = \tan\alpha$ $\left(-\dfrac{\pi}{2} < \alpha < \dfrac{\pi}{2}\right)$, 得到 $y = \tan 2\alpha, z = \tan 4\alpha, x = \tan 8\alpha$. 所以 $\tan\alpha = \tan 8\alpha$. 由此得 $\alpha = \dfrac{n\pi}{7}$ $(n = -3, -2, -1, 0, 1, 2, 3)$.

8. $c = 4\sin^2\dfrac{\pi}{2(2n-1)}$. 考察非负数 c, 使得不等式

$(a_1 - a_2)^2 + (a_2 - a_3)^2 + \cdots + (a_{n-1} - a_n)^2 \geqslant c(a_1^2 + a_2^2 + \cdots + a_n^2)$

对于任意实数 $a_2, a_3, \cdots, a_n$ 和 $a_1 = 0$ 成立. 这样的 c 中的最大者将是本题所要求的答案.

9. 作代换 $\dfrac{b}{a} = \sin\alpha$ $\left(0 < \alpha < \dfrac{\pi}{2}\right)$.

10. 把不等式改写成

$$\sqrt{\dfrac{a}{d}\left(1 - \dfrac{b}{d}\right)\left(1 - \dfrac{c}{d}\right)} + \sqrt{\dfrac{b}{d}\left(1 - \dfrac{a}{d}\right)\left(1 - \dfrac{c}{d}\right)} + \sqrt{\dfrac{c}{d}\left(1 - \dfrac{a}{d}\right)\left(1 - \dfrac{b}{d}\right)}$$

$$\leqslant 1 + \sqrt{\dfrac{a}{d} \cdot \dfrac{b}{d} \cdot \dfrac{c}{d}}$$

令 $\dfrac{a}{d} = \sin^2\alpha, \dfrac{b}{d} = \sin^2\beta, \dfrac{c}{d} = \sin^2\gamma$ $\left(0 < \alpha, \beta, \gamma < \dfrac{\pi}{2}\right)$. 得到 $\sin(\alpha + \beta + \gamma) \leqslant 1$.

11. 令 $x = \tan\dfrac{\alpha}{2}, y = \tan\dfrac{\beta}{2}, z = \tan\dfrac{\gamma}{2}$ $(\alpha + \beta + \gamma = \pi)$, 得到 $\tan\alpha + \tan\beta +$

$\tan \gamma = \tan \alpha \tan \beta \tan \gamma.$

12. 4 个根. 作代换 $x = \cos \alpha \left(0 < \alpha < \dfrac{\pi}{2} \right)$.

13. $\left\{ \dfrac{10 - 2\sqrt{5}}{4} \right\}$. 作代换 $x = \cos \alpha (0 \leqslant \alpha \leqslant \pi)$.

14. $h_n = \sin \alpha \left(0 < \alpha < \dfrac{\pi}{2} \right)$，这时 $h_{n+1} = \sin \dfrac{\alpha}{2}$. 因为 $h_1 = \sin \dfrac{\pi}{6}$，所以 $h_n = \sin \dfrac{\pi}{3 \cdot 2^n}$. 所以

$$h_1 + h_2 + \cdots + h_n = \frac{1}{2} + \sin \frac{\pi}{3 \cdot 2^3} + \cdots + \sin \frac{1}{3 \cdot 2^n}$$

$$< \frac{1}{2} + \frac{\pi}{3 \cdot 2^3} + \cdots + \frac{\pi}{3 \cdot 2^n}$$

$$< \frac{1}{2} + \frac{\pi}{6} < \frac{3 + 3.15}{6} < 1.03$$

15. 存在. 令 $x_1 = \cos \alpha, x_2 = \cos 2\alpha, x_3 = \cos 4\alpha, \cdots, x_{100} = \cos 2^{99} \alpha$，这里 $\alpha = \dfrac{2\pi}{2^{99} - 1}$.

16. 作代换 $a = \tan \alpha_1, b = \tan \alpha_2, c = \tan \alpha_3 \left(-\dfrac{\pi}{2} < \alpha_1, \alpha_2, \alpha_3 < \dfrac{\pi}{2} \right)$.

17. 令 $x_1 = \tan \alpha (\alpha = \arctan 2)$. 由归纳法容易证明，$x_n = \tan n\alpha$.

（R. 阿列克赛也夫，L. 库尔良德奇克，《量子》1995 年第 2 期.）

❖五个圆

在近年的大学入学国家统一考试中出现了这样的平面几何试题,它们与三角形的旁切圆的半径有关,例如:

1.三角形的三边长是 $4,5,6$,求它的所有旁切圆的半径的乘积.

（答案:$\dfrac{225\sqrt{7}}{8}$.）

2.如果三角形的三个旁切圆的半径等于 $9,18$ 和 21,求这个三角形三边的乘积.

（答案:$5\,460$.）

我们来详细考察三角形的旁切圆.

一、定义和公式

三角形的内切圆和外接圆的性质是大家所熟知的.现在来看旁切圆的定义:与三角形的一边和其他两边的延长线相切的圆称为旁切圆.求与 $\triangle ABC$ 的边 $BC=a$ 相切的旁切圆的半径 r_a(图 1).

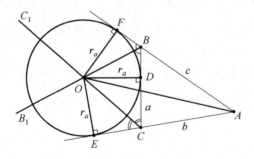

图 1

显然,$\triangle ABC$ 旁切圆的圆心 O 是它的外角平分线 BB_1 和 CC_1 的交点.联结点 A 和 O 并考察各三角形的面积

$$S_{\triangle ABO}=\dfrac{cr_a}{2},S_{\triangle ACO}=\dfrac{br_a}{2},S_{\triangle BCO}=\dfrac{ar_a}{2}$$

又

$$S_{\triangle ABC}=S=S_{\triangle ABO}+S_{\triangle ACO}-S_{\triangle BCO}$$

即 $\dfrac{r_a(b+c-a)}{2}=S$,由此得

$$r_a=\dfrac{2S}{2p-2a}=\dfrac{S}{p-a}$$

（这里 p 是三角形的半周长）.

类似地，确定其他两个半径. 于是

$$r_a = \frac{S}{p-a}, r_b = \frac{S}{p-b}, r_c = \frac{S}{p-c} \tag{1}$$

由公式(1)，显然，$r_a = r_b = r_c \Leftrightarrow a = b = c, r_a < r_b < r_c \Leftrightarrow a < b < c$.

与一个三角形相关的五个圆的半径之间一定有漂亮的代数关系式，下面我们来探究它们.

二、根据三个旁切圆半径解三角形

已知三角形的三个旁切圆半径为 r_a, r_b, r_c. 根据公式(1)，我们有

$$\frac{1}{r_a} + \frac{1}{r_b} = \frac{2p-a-b}{S} = \frac{c}{S}, \frac{1}{r_a} + \frac{1}{r_c} = \frac{b}{S}, \frac{1}{r_b} + \frac{1}{r_c} = \frac{a}{S} \tag{2}$$

由公式(2) 得到三角形的三边之比为

$$a : b : c = \left(\frac{1}{r_b} + \frac{1}{r_c} \right) : \left(\frac{1}{r_a} + \frac{1}{r_c} \right) : \left(\frac{1}{r_a} + \frac{1}{r_b} \right)$$

由此得到

$$a = \left(\frac{r_a r_c + r_a r_b}{r_a r_c + r_b r_c} \right) c, b = \left(\frac{r_a r_b + r_b r_c}{r_a r_c + r_b r_c} \right) c \tag{3}$$

用公式(1) 来表示旁切圆半径的两两乘积之和

$$r_a r_b + r_a r_c + r_b r_c$$

$$= S^2 \left(\frac{1}{(p-a)(p-b)} + \frac{1}{(p-a)(p-c)} + \frac{1}{(p-b)(p-c)} \right)$$

$$= \frac{S^2 (p-c+p-b+p-a)}{(p-a)(p-b)(p-c)}$$

$$= \frac{S^2 p}{(p-a)(p-b)(p-c)}$$

$$= \frac{S^2 p^2}{p(p-a)(p-b)(p-c)}$$

$$= \frac{S^2 p^2}{S^2} = p^2$$

也就是说，三角形的半周长等于

$$p = \sqrt{r_a r_b + r_a r_c + r_b r_c} \tag{4}$$

由公式(3)(4) 直接得到

$$c = \frac{r_c(r_a + r_b)}{\sqrt{r_a r_b + r_a r_c + r_b r_c}}, b = \frac{r_b(r_a + r_c)}{\sqrt{r_a r_b + r_a r_c + r_b r_c}}, a = \frac{r_a(r_b + r_c)}{\sqrt{r_a r_b + r_a r_c + r_b r_c}} \tag{5}$$

公式(5) 见证了，三角形被三个旁切圆的半径单值确定，并且任意三个正

数能够成为这些半径的长. 事实上,公式(5)显然对于任意的 r_a,r_b,r_c 成立不等式 $a+b>c$,$a+c>b$,$b+c>a$.

三、漂亮的几何不等式

由公式(2)(5)立即得到

$$S = \frac{r_a r_b r_c}{\sqrt{r_a r_b + r_a r_c + r_b r_c}}$$

这时,外接圆半径

$$R = \frac{abc}{4S} = \frac{(r_a + r_b)(r_a + r_c)(r_b + r_c)}{4(r_a r_b + r_a r_c + r_b r_c)}$$

内切圆半径

$$r = \frac{S}{p} = \frac{r_a r_b r_c}{r_a r_b + r_a r_c + r_b r_c}$$

所以

$$\frac{R}{2r} = \frac{(r_a + r_b)(r_a + r_c)(r_b + r_c)}{8 r_a r_b r_c}$$

又

$$\frac{r_a + r_b}{2} \geqslant \sqrt{r_a r_b}, \frac{r_a + r_c}{2} \geqslant \sqrt{r_a r_c}, \frac{r_b + r_c}{2} \geqslant \sqrt{r_b r_c}$$

也就是说,$\dfrac{R}{2r} \geqslant 1$,即 $R \geqslant 2r$. 当且仅当 $r_a = r_b = r_c$,即当 $a = b = c$,三角形是正三角形时,等式成立.

四、初等对称多项式

把三个旁切圆半径相乘,得

$$r_a r_b r_c = \frac{S^3}{(p-a)(p-b)(p-c)} = \frac{pS^3}{p(p-a)(p-b)(p-c)} = \frac{pS^3}{S^2} = pS$$

这些半径之和的表达稍复杂. 我们计算值 $x = r_a + r_b + r_c - r$,有

$$x = \frac{S}{p-a} + \frac{S}{p-b} + \frac{S}{p-c} - \frac{S}{p}$$

$$= \frac{S}{p(p-a)(p-b)(p-c)}(p(p-b)(p-c) +$$

$$p(p-a)(p-c) + p(p-a)(p-b) - (p-a)(p-b)(p-c))$$

$$= \frac{S}{S^2}(p(p-c)(p-a+p-b) + (p-a)(p-b)(p-p+c))$$

$$= \frac{pc(p-c) + c(p-a)(p-b)}{S}$$

$$= \frac{c(p^2 - pc + p^2 - pa - pb + ab)}{S}$$

$$= \frac{c(2p^2 - p(a+b+c) + ab)}{S} = \frac{abc}{S} = 4R$$

于是，由上述内容，我们得到了三个变量，即 $\triangle ABC$ 旁切圆半径 r_a, r_b, r_c 的对称多项式

$$\begin{cases} \sigma_1 = r_a + r_b + r_c = 4R + r \\ \sigma_2 = r_a r_b + r_a r_c + r_b r_c = p^2 \\ \sigma_3 = r_a r_b r_c = pS \end{cases} \quad (6)$$

利用它可以推导出数学上漂亮的不等式.

五、平均值之间的不等式

我们考察经典不等式链

$$\frac{3}{\frac{1}{x} + \frac{1}{y} + \frac{1}{z}} \leqslant \sqrt[3]{xyz} \leqslant \frac{x+y+z}{3} \leqslant \sqrt{\frac{x^2+y^2+z^2}{3}}$$

对于 $x > 0, y > 0, z > 0$ 成立（它们变成等式，当且仅当 $x = y = z$). 事实上，这里有六个两两间的不等式（表1). 在它们中作代换 $x = r_a, y = r_b, z = r_c$，并且利用公式（6）.

作为一个例子，我们来证明第一个不等式

$$\sqrt{\frac{(r_a + r_b + r_c)^2 - 2(r_a r_b + r_a r_c + r_b r_c)}{3}} \geqslant \frac{r_a + r_b + r_c}{3}$$

它等价于

$$\sqrt{\frac{(4R+r)^2 - 2p^2}{3}} \geqslant \frac{4R+r}{3}$$

两边平方后，显然，有

$$(4R + r)^2 - 2p^2 \geqslant \frac{1}{3}(4R + r)^2$$

由此得，$4R + r \geqslant p\sqrt{3}$. 自然，等式成立，当且仅当三角形是正三角形.

读者不难独立地得到表1中其余的不等式，也可以利用表1解答本节一开始提到的两个问题.

有趣的是，成功地构造了有关三角形几何的六个不等式.

表 1

不等式	变量代换 $x = r_a, y = r_b, z = r_c$
$\sqrt{\dfrac{x^2+y^2+z^2}{3}} \geqslant \dfrac{x+y+z}{3}$	$4R+r \geqslant p\sqrt{3}$
$\sqrt{\dfrac{x^2+y^2+z^2}{3}} \geqslant \sqrt[3]{xyz}$	$(4R+r)^2 \geqslant 2p^2 + 3\sqrt[3]{p^2 S^2}$
$\sqrt{\dfrac{x^2+y^2+z^2}{3}} \geqslant \dfrac{3}{\dfrac{1}{x}+\dfrac{1}{y}+\dfrac{1}{z}}$	$(4R+r)^2 p^2 \geqslant 27S^2 + 2p^4$
$\dfrac{x+y+z}{3} \geqslant \sqrt[3]{xyz}$	$(4R+r)^3 \geqslant 27pS$
$\dfrac{x+y+z}{3} \geqslant \dfrac{3}{\dfrac{1}{x}+\dfrac{1}{y}+\dfrac{1}{z}}$	$R \geqslant 2r$
$\sqrt[3]{xyz} \geqslant \dfrac{3}{\dfrac{1}{x}+\dfrac{1}{y}+\dfrac{1}{z}}$	$p^2 \geqslant 3\sqrt{3}\,S$

（特罗兹多夫,《量子》2014 年第 5-6 期.）

❖ 检验你的直觉

在著名的数学家维·普罗依士伏罗夫的书《越来越多的问题》中提出了下列问题.

从等边三角形底边所在的顶点出发的两条射线把它分成四部分(图 1).已知 $\triangle AOB$ 与四边形 $CMON$ 的面积相等(为直观起见面积相等的两部分打上了阴影线).试求所引的两条射线所成的角.

它的解答简捷而优美. $\triangle AMB$ 和 $\triangle BNC$ 有相等的面积, $AB = BC$, $\angle MBA = \angle NCB$. 由此得, 上述两个三角形全等, 并且其中一个关于另一个旋转 $120°$. 也就是说, 两条射线所成的角等于 $120°$(或者 $60°$, 如图 1 所示).

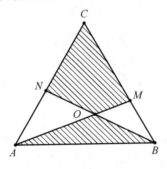

图 1

正是图 1 引起了我们特别的兴趣. 记 $\triangle ABC$ 的面积为 $S_{\triangle ABC}$, 而两条射线把 $\triangle ABC$ 分成的与图 2 中的数字对应的四部分的面积为 S_1, S_2, S_3 和 S_4. (这里能够不假设, 三角形是等边三角形, 因为这不影响面积之比).

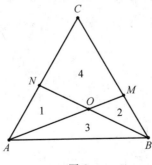

图 2

现在提出问题, 对于点 M 和 N 怎样的位置:

(1) 各面积中最小者达到最大值;

（2）各面积中最大者达到最小值；

（3）（《量子》征解问题 M2341）各面积中最小者与最大者之比达到最大值？

请发挥你的直觉并回答这三个问题．然后与答案对照．

下面我们来看解答．

在思考问题时会产生一种感觉，当点 M 和 N 把线段 BC 和 AC 分成相同的比例时所有的极值将取到（试证明，在这种情况下，$S_1 = S_2$），甚至于当点 M 和 N 分别是边 BC 和 AC 的中点（这时面积中的两个等于 $\triangle ABC$ 面积的 $\dfrac{1}{6}$，而其余两个是它面积的 $\dfrac{1}{3}$，图3）．

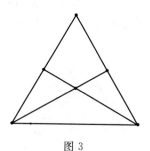

图 3

看来后一个假定仅对于问题（3）是对的（该问题的解答附在文后）．

问题（1）的答案是：最小面积的最大值由下面的条件得到

$$\frac{AN}{AC} = \frac{BM}{BC} = 2 - \sqrt{2}$$

$$S_1 = S_2 = (3 - \sqrt{2}) \cdot S_{\triangle ABC} = 0.171\ 5\cdots \cdot S_{\triangle ABC}$$

我们发现，这个值事实上稍大于 $\triangle ABC$ 面积的 $\dfrac{1}{6}$（图4）．

特别出乎意料的是问题（2）的答案：最大面积的最小值由下列条件得到

$$\frac{AN}{AC} = \frac{BM}{BC} = \frac{\sqrt{5} - 1}{2} \quad （或者相反的，-\frac{CN}{AC} = \frac{BM}{BC} = \frac{\sqrt{5} - 1}{2}）$$

$$S_1 = S_3 = S_4 = \frac{\sqrt{5} - 1}{4} \cdot S_{\triangle ABC} = 0.309\ 0\cdots \cdot S_{\triangle ABC}$$

它略小于 $\triangle ABC$ 面积的 $\dfrac{1}{3}$（图5）．

正如所见，直觉有时能有强有力的引导作用．

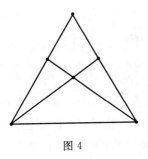

图 4

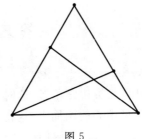

图 5

替代问题(1)和(2)的繁复的正面的解答,我们提出一系列练习题,它们能够引导读者找到更简单的解答.

练 习 题

1.试证明:$S_3 > \min\{S_1, S_2\}$.

2.设 $\dfrac{AN}{AC} > \dfrac{BM}{BC}$. 试证明:对于点 N 换成边 AC 上的点 N',使得 $AN'/AC = BM/BC$,值 $\min\{S_1, S_2, S_3, S_4\}$ 递增.

由练习题 2 得到,当解问题(1)时,所要考察的情况仅仅是 $\dfrac{AN}{AC} = \dfrac{BM}{BC}$(或者等价地,$S_1 = S_2$).

3.设恰有面积 S_1, S_2, S_3, S_4 之一等于 $\max\{S_1, S_2, S_3, S_4\}$. 试证明:点 M 和 N 沿着边 AC 和 BC 的连续移动能够达到,使得 $\max\{S_1, S_2, S_3, S_4\}$ 减小,并且最后导致面积 S_1, S_2, S_3, S_4 中至少有两个等于 $\max\{S_1, S_2, S_3, S_4\}$.

4.设 $S_1 = S_4 = \max\{S_1, S_2, S_3, S_4\}$. 试证明:能够不增大 $\max\{S_1, S_2, S_3, S_4\}$ 而保持这个等式,点 M 和 N 沿着边 AC 和 BC 连续移动达到等式 $S_1 = S_4 = S_3 = \max\{S_1, S_2, S_3, S_4\}$. 并证明类似的命题,如果一开始有 $S_1 = S_3 = \max\{S_1, S_2, S_3, S_4\}$,$S_2 = S_4 = \max\{S_1, S_2, S_3, S_4\}$,或者 $S_2 = S_3 = \max\{S_1, S_2, S_3, S_4\}$.

5.设 $S_3 = S_4 = \max\{S_1, S_2, S_3, S_4\}$. 试证明:能够不增大 $\max\{S_1, S_2, S_3, S_4\}$ 而保持这个等式,点 M 和 N 沿着边 AC 和 BC 连续移动达到等式 $S_1 = S_4 = S_3 = \max\{S_1, S_2, S_3, S_4\}$.

答案和提示

1～4 略.

5. 设 $\triangle ABC$ 是等边三角形. 这时 $S_3 = S_4$ 在下列条件下成立: 点 O 位于通过点 A, B 和三角形中心的圆周上, 这得自于本节开始时提到的问题.

从练习题 3～5 得, 当解问题 (2) 时, 所要考察的情况仅仅是 $S_1 = S_4 = S_3$.

译者注   M2341(《量子》, 2014 年第 5-6 期).

在三角形的边 BC 和 AC 上分别取点 M 和 N. 线段 AM 和 BN 把三角形分成四部分. 设 s 为四部分中面积最小者, 而 S 为最大者. 求 $\dfrac{s}{S}$ 的最大值.

答案: $\dfrac{1}{2}$.

设 O 是线段 AM 和 BN 的交点. 值 $\dfrac{s}{S} = \dfrac{1}{2}$ 达到, 如果 AM 和 BN 是中线. 实际上, 三条中线把三角形分成面积相等的六部分, 也就是说, 在这种情况下, $S_{\text{四边形} CMON} = S_{\triangle AOB} = 2S_{\triangle AON} = 2S_{\triangle BOM}$. 我们来证明, 总有 $\dfrac{s}{S} \leqslant \dfrac{1}{2}$.

我们发现, $\dfrac{S_{\triangle MOB}}{S_{\triangle AOB}} = \dfrac{MO}{AO}$ (因为 $\triangle MOB$ 和 $\triangle AOB$ 有公共的高). 如果 $\dfrac{AO}{OM} \geqslant 2$, 那么 $\dfrac{S_{\triangle MOB}}{S_{\triangle AOB}} \leqslant \dfrac{1}{2}$, 尤其是 $\dfrac{s}{S} \leqslant \dfrac{1}{2}$. 当 $\dfrac{BO}{ON} \geqslant 2$ 时情况类似.

现在设 $\dfrac{AO}{OM} < 2, \dfrac{BO}{ON} < 2$. 这时在线段 OA 中过点 A 的延长线上取点 A', 使得 $OA' = 2OM$, 类似地, 在线段 OB 中过点 B 的延长线上取点 B', 使得 $OB' = 2ON$ (图 6). 设 C' 是直线 $A'N$ 和 $B'M$ 的交点. $\triangle A'OB'$ 和 $\triangle MON$ 相似, 其相

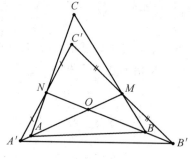

图 6

似比为 2,所以 $MN \parallel A'B'$,$A'B' = 2MN$. 这时 $\triangle C'A'B' \backsim \triangle C'NM$,其相似比为 2. 由此得,$A'N = C'N$ 和 $B'M = C'M$,即 $A'M$ 和 $B'N$ 是 $\triangle A'B'C$ 的中线,由此得 $\dfrac{S_{\triangle A'ON}}{S_{\text{四边形}C'MON}} = \dfrac{1}{2}$. 因为点 A 在线段 $A'O$ 上,而点 C' 在四边形 $CMON$ 的内部,所以我们有 $S_{\triangle AON} < S_{\triangle A'ON}$ 以及 $S_{\text{四边形}CMON} > S_{\text{四边形}C'MON}$,所以

$$\frac{s}{S} \leqslant \frac{S_{\triangle AON}}{S_{\text{四边形}CMON}} < \frac{S_{\triangle A'ON}}{S_{\text{四边形}C'MON}} = \frac{1}{2}$$

(阿古利奇,科热夫尼科夫,《量子》2014 年第 5-6 期.)

附录

来自读者的问题

1.(1) 已知方程

$$mf\left(\frac{a+x}{c+x}\right)+nf\left(\frac{a-x}{c-x}\right)=kx\,(m\neq n)$$

求函数 $f(x)$.

（2）已知

$$F\left(\frac{x+1}{x-2}\right)+2F\left(\frac{x-2}{x+1}\right)=x$$

求 $F(x)$.

2.证明:方程

$$x^3+y^3+z^3-3xyz=1$$

对于未知数 x,y,z 仅有三个整数解.

3.证明

$$1\cdot2\cdot3+2\cdot3\cdot4+3\cdot4\cdot5+\cdots+n(n+1)(n+2)$$
$$=\frac{(n+1)(n+2)(n+3)}{4}$$

4.不查表证明:

(1) $\tan 45°>\dfrac{13}{11}$;

(2) $\tan 34°>\dfrac{2}{3}$.

5.解方程 $n!=n(n+1)(n+2)(n+3)$.

6.6 个连续自然数的乘积能够等于 3 个连续自然数的乘积.例如

$$1\cdot2\cdot3\cdot4\cdot5\cdot6=8\cdot9\cdot10=720$$

是否还存在这样的数?

7.容易验证下列等式

$$\sqrt{49}=4+\sqrt{9}$$
$$\sqrt{64}=6+\sqrt{4}$$
$$\sqrt{81}=8+\sqrt{1}$$

$$\sqrt{100} = 10 + \sqrt{0}$$

这个序列还能这样继续

$$\sqrt{121} = 12 - \sqrt{1}$$

$$\sqrt{144} = 14 - \sqrt{4}$$

你能否求导出一般公式来解释这些等式.

8. 求构成等比数列的四个自然数,使得它们是和 $25^{1975} + 79^{1975}$ 的因数.

9. A,B,C,D 四点不共面. 点 $K \in AB, L \in BC, M \in CD, N \in DA$,把这些线段分成比例

$$\frac{AK}{KB} = \alpha, \frac{BL}{LC} = \beta, \frac{CM}{MD} = \lambda, \frac{DN}{NA} = \gamma$$

试求数 α, β, γ 和 λ 应该满足的条件,使得点 K, L, M 和 N 共面.

叙述并解答对于平面上三点的类似问题.

10. 已知半径为 R 的球面上的两点的地理坐标:φ_1, θ_1 和 φ_2, θ_2(φ 是纬度,θ 是经度). 求这两点的球面距离.

11. $ABCD$ 是任意凸四边形,点 E, F, G, H 分别是边 AB, BC, CD, DA 的中点. 记 $AF \cap BG = K, BG \cap CH = L, CH \cap DE = M, DE \cap AF = N$. 证明

$$\frac{1}{6} \leqslant \frac{S_{\text{四边形} KLMN}}{S_{\text{四边形} ABCD}} \leqslant \frac{1}{5}$$

12. 证明不等式:

(1) $\sqrt{c(a-c)} + \sqrt{c(b-c)} > \left| \frac{c}{b} - \frac{c}{a} \right| \cdot \sqrt{ab} \ (0 < c < a, c < b)$;

(2) $\left(\frac{c}{a} + \frac{c}{b} \right) \cdot \sqrt{ab} < \sqrt{(a+c)(b+c)} + \sqrt{(a-c)(b-c)} \leqslant 2\sqrt{ab} \ (0 < c < a, c < b)$.

13. 求和 $\sum_{x=1}^{n} \frac{1}{x^3 + 6x^2 + 11x + 6}$.

14. 求方程 $1 + 2x + 3x^2 + 4x^3 + \cdots + 1977x^{1976} = 0$ 的所有实数根.

15. 证明:如果在 $\triangle ABC$ 中,三边 a, b, c 满足不等式 $c > b > a$,$\beta_A, \beta_B, \beta_C$ 是内角平分线的长,$\beta'_A, \beta'_B, \beta'_C$ 是外角平分线的长,h_a, h_b, h_c 是高的长,那么成立等式:

(1) $\frac{1}{a\beta_A\beta'_A} + \frac{1}{c\beta_C\beta'_C} = \frac{1}{b\beta_B\beta'_B}$;

(2) $\frac{h_a}{\beta_A\beta'_A} + \frac{h_c}{\beta_C\beta'_C} = \frac{h_b}{\beta_B\beta'_B}$.

16. 在平面上已知两个三角形 $\triangle ABC$ 和 $\triangle MNK$,并且直线 MN 通过 AB

和 AC 的中点,这两个三角形相交形成六边形,面积为 S,对边两两平行.证明

$$3S < S_{\triangle ABC} + S_{\triangle MNK}$$

17.数列 $\{a_n\}$ 这样定义:$a_1 = \dfrac{1}{2}$,$a_2 = \dfrac{1}{3}$,a_{n+1} 等于 $a_{n-1} + a_n$ 的连分数的分解中的最后一个分数.例如

$$a_1 + a_2 = \frac{1}{2} + \frac{1}{3} = \cfrac{1}{1 + \cfrac{1}{5}}$$

于是 $a_3 = \dfrac{1}{5}$,等等.

(1)$a_{1\,000}$ 等于多少?

(2)a_k 是否总是素数的倒数?

18.在正方体中引所有的对角线(在正方体的内部和所有的面上).在这 16 条线段中有几对是互相垂直的?

19.证明:对于任意自然数 t,多项式 $36t^4 + 48t^3 + 40t^2 + 16t + 5$ 的值是合数.

20.试证明

$$C_0^0 C_{2n}^n + C_2^1 C_{2(n-1)}^{n-1} + C_4^2 C_{2(n-2)}^{n-2} + \cdots + C_{2n}^n C_0^0 = 4^n$$

21.如果

$$\sin^2 \alpha_1 + \sin^2 \alpha_2 + \sin^2 \alpha_3 + \cdots + \sin^2 \alpha_n = 1$$

求下列和的最小值

$$\tan^2 \alpha_1 + \tan^2 \alpha_2 + \tan^2 \alpha_3 + \cdots + \tan^2 \alpha_n$$
$$(i = 1, 2, 3, \cdots, n)$$

22.计算 $\displaystyle\sum_{n=1}^{k} \dfrac{2^n}{a^{2^{n-1}}}$.

23.试证明:不等式

$$\sqrt{2} + \sqrt{4 - 2\sqrt{2}} + \sqrt{6 - 2\sqrt{6}} + \cdots + \sqrt{2n - 2\sqrt{(n-1)n}} \geqslant \sqrt{n(n+1)}$$

24.数列 a_n 的第一项等于 $a(a \neq 1)$,对于任意 n,$a_1 \cdot a_n \cdot \cdots \cdot a_n = a_1 + a_2 + \cdots + a_n$.求 a_n.

25.证明:不等式

$$\sum_{k=1}^{n} \frac{1}{\sqrt[3]{k^2} + \sqrt[3]{k^2 + k - 1} + \cdots + \sqrt[3]{k^2 + 2k - 2}} > \sqrt[3]{n+1} - 1$$

26.设 O 是 $\triangle ABC$ 的外接圆圆心,AA_0,BB_0,CC_0 是它的高.A_1,B_1 和 C_1 分别是点 A_0,B_0 和 C_0 在直线 AO,BO 和 CO 上的射影.试证明:数值

$$A_0 A_1 \cdot BC^4, B_0 B_1 \cdot AC^4, C_0 C_1 \cdot AB^4$$

之一等于其他两个之和.

27. 证明：不等式$(n \geqslant 2)$

$$\frac{1}{\sqrt[n-1]{n}} + \frac{1}{\sqrt[n-1]{n!}} \leqslant 1$$

28. 证明：对于 $n \geqslant 2, l = 0, 1, \cdots, 2n - 2$

$$\sum_{k=1}^{2n} (-1)^k \sin^2\left(\frac{k\pi}{2n+1}\right) \cdot \cos^l\left(\frac{k\pi}{2n+1}\right) = 0$$

29. 已知一圆和圆上的两点 A 和 B. 以弦 AB 为底边作等腰三角形，它的顶点在弦所对的优弧上. 在它的腰上再作等腰三角形. 其顶点在这个腰所对的优弧上，等等. 证明：这些等腰三角形的形状越来越接近等边三角形.

30. 试证明：方程 $7^x + 10^y = 13^z$ 没有自然数解.

31. 通过边长为 a, b, c 的三角形内部的点 K 作三角形各边的平行线. 介于边之间的线段之长分别等于 a_1, b_1, c_1. 证明：

(1) $\dfrac{a_1}{a} + \dfrac{b_1}{b} + \dfrac{c_1}{c} = 2$;

(2) $\dfrac{4}{3} \leqslant \dfrac{a_1^2}{a^2} + \dfrac{b_1^2}{b^2} + \dfrac{c_1^2}{c^2} \leqslant 2.$

32. 四面体 $ABCD$ 的四个面的面积是 S_a, S_b, S_c 和 S_d. 通过其内部的点 K 作各个面的平行平面. 得到的截面的面积分别等于 S_1, S_2, S_3, S_4. 证明：

(1) $\sqrt{\dfrac{S_1}{S_a}} + \sqrt{\dfrac{S_2}{S_b}} + \sqrt{\dfrac{S_3}{S_c}} + \sqrt{\dfrac{S_4}{S_d}} = 3$;

(2) $\dfrac{S_1}{S_a} + \dfrac{S_2}{S_b} + \dfrac{S_3}{S_c} + \dfrac{S_4}{S_d} \geqslant \dfrac{9}{4}.$

33. 通过四面体内部的点 K 作平行于它的棱 $BC = a, AC = b, AB = c, AD = d_1, BD = d_2, CD = d_3$ 的直线. 介于四面体的面之间的这些直线的线段之长分别等于 $a', b', c', d'_1, d'_2, d'_3$. 证明

$$\frac{a'}{a} + \frac{b'}{b} + \frac{c'}{c} + \frac{d'_1}{d_1} + \frac{d'_2}{d_2} + \frac{d'_3}{d_3} = 3$$

34. 和

$$S = \frac{1}{1 + a_1} + \frac{1}{1 + a_2} + \cdots + \frac{1}{1 + a_n}$$

能够取怎样的值，这里所有的数 a_i 是正的，并且 $a_1 \cdot a_2 \cdot \cdots \cdot a_n = 1$?

35. 证明等式：

(1) $\cos\dfrac{2\pi}{21} + \cos\dfrac{8\pi}{21} + \cos\dfrac{10\pi}{21} = \dfrac{\sqrt{21} + 1}{4}$;

(2) $\cos\dfrac{8\pi}{35} + \cos\dfrac{12\pi}{35} + \cos\dfrac{18\pi}{35} = \dfrac{1}{2}\cos\dfrac{\pi}{5} + \dfrac{\sqrt{7}}{2}\sin\dfrac{\pi}{5}.$

36. 已知等式 $x^{2m}+y^{2m}=z^{2m}$, 这里 $x,y,z,m>1$ 是自然数. 证明: x,y,z 既不能构成等差数列, 也不能构成等比数列.

37. $\triangle ABC$ 被它的中线 AA_1,BB_1,CC_1 分成六个三角形. 在它们每一个中作内切圆. 设 $r_1,r_2,\cdots,r_6$ 是这些圆的半径(图 1). 证明

$$\frac{1}{r_1}+\frac{1}{r_3}+\frac{1}{r_5}=\frac{1}{r_2}+\frac{1}{r_4}+\frac{1}{r_6}$$

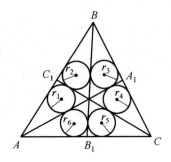

图 1

38. (1) 已知 $\triangle ABC$ 内的一点 M 是三个全等的等边三角形的公共顶点, 这些三角形中每一个的其他两个顶点在 $\triangle ABC$ 的两条相邻的边上(图 2). 证明: 这些等边三角形的边长等于

$$\frac{2abc}{a^2+b^2+c^2+4S\sqrt{3}}$$

这里 S 是 $\triangle ABC$ 的面积, a,b,c 是它的边长.

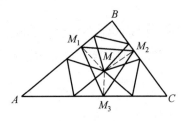

图 2

(2) 记 M_1,M_2 和 M_3 是点 M 在已知三角形三边上的射影(见图 2). 证明: $\triangle M_1M_2M_3$ 是等边三角形.

39. 在 $\triangle ABC$ 中, 角 A,B,C 的内角平分线交它的外接圆分别于点 A_1,B_1 和 C_1. 记 O 为这些角平分线的交点. 证明: 线段 AO,BO,CO,A_1O,B_1O,C_1O, A_1B_1,B_1C_1 和 A_1C_1 的中点共圆.

40. 证明等式:

(1) $1 \cdot 1! + 2 \cdot 2! + \cdots + n \cdot n! = (n+1)! - 1$

(2) 对于任意 $s \geqslant 1$, 有

$$\sum_{k=1}^{n} (k!\ )^s((k+1)^s - 1) = ((n+1)!\ )^s - 1$$

译者注　上面一些题目选译自《量子》读者提问栏, 原题没有解答. 题号系译者所加.

刘培杰数学工作室
已出版(即将出版)图书目录——初等数学

书　　名	出版时间	定　价	编号
新编中学数学解题方法全书(高中版)上卷(第2版)	2018—08	58.00	951
新编中学数学解题方法全书(高中版)中卷(第2版)	2018—08	68.00	952
新编中学数学解题方法全书(高中版)下卷(一)(第2版)	2018—08	58.00	953
新编中学数学解题方法全书(高中版)下卷(二)(第2版)	2018—08	58.00	954
新编中学数学解题方法全书(高中版)下卷(三)(第2版)	2018—08	68.00	955
新编中学数学解题方法全书(初中版)上卷	2008—01	28.00	29
新编中学数学解题方法全书(初中版)中卷	2010—07	38.00	75
新编中学数学解题方法全书(高考复习卷)	2010—01	48.00	67
新编中学数学解题方法全书(高考真题卷)	2010—01	38.00	62
新编中学数学解题方法全书(高考精华卷)	2011—03	68.00	118
新编平面解析几何解题方法全书(专题讲座卷)	2010—01	18.00	61
新编中学数学解题方法全书(自主招生卷)	2013—08	88.00	261
数学奥林匹克与数学文化(第一辑)	2006—05	48.00	4
数学奥林匹克与数学文化(第二辑)(竞赛卷)	2008—01	48.00	19
数学奥林匹克与数学文化(第二辑)(文化卷)	2008—07	58.00	36'
数学奥林匹克与数学文化(第三辑)(竞赛卷)	2010—01	48.00	59
数学奥林匹克与数学文化(第四辑)(竞赛卷)	2011—08	58.00	87
数学奥林匹克与数学文化(第五辑)	2015—06	98.00	370
世界著名平面几何经典著作钩沉——几何作图专题卷(上)	2009—06	48.00	49
世界著名平面几何经典著作钩沉——几何作图专题卷(下)	2011—01	88.00	80
世界著名平面几何经典著作钩沉(民国平面几何老课本)	2011—03	38.00	113
世界著名平面几何经典著作钩沉(建国初期平面三角老课本)	2015—08	38.00	507
世界著名解析几何经典著作钩沉——平面解析几何卷	2014—01	38.00	264
世界著名数论经典著作钩沉(算术卷)	2012—01	28.00	125
世界著名数学经典著作钩沉——立体几何卷	2011—02	28.00	88
世界著名三角学经典著作钩沉(平面三角卷Ⅰ)	2010—06	28.00	69
世界著名三角学经典著作钩沉(平面三角卷Ⅱ)	2011—01	38.00	78
世界著名初等数论经典著作钩沉(理论和实用算术卷)	2011—07	38.00	126
发展你的空间想象力(第2版)	2019—11	68.00	1117
空间想象力进阶	2019—05	68.00	1062
走向国际数学奥林匹克的平面几何试题诠释.第1卷	2019—07	88.00	1043
走向国际数学奥林匹克的平面几何试题诠释.第2卷	2019—09	78.00	1044
走向国际数学奥林匹克的平面几何试题诠释.第3卷	2019—03	78.00	1045
走向国际数学奥林匹克的平面几何试题诠释.第4卷	2019—09	98.00	1046
平面几何证明方法全书	2007—08	35.00	1
平面几何证明方法全书习题解答(第2版)	2006—12	18.00	10
平面几何天天练上卷·基础篇(直线型)	2013—01	58.00	208
平面几何天天练中卷·基础篇(涉及圆)	2013—01	28.00	234
平面几何天天练下卷·提高篇	2013—01	58.00	237
平面几何专题研究	2013—07	98.00	258

刘培杰数学工作室
已出版(即将出版)图书目录——初等数学

书　名	出版时间	定　价	编号
最新世界各国数学奥林匹克中的平面几何试题	2007—09	38.00	14
数学竞赛平面几何典型题及新颖解	2010—07	48.00	74
初等数学复习及研究(平面几何)	2008—09	58.00	38
初等数学复习及研究(立体几何)	2010—06	38.00	71
初等数学复习及研究(平面几何)习题解答	2009—01	48.00	42
几何学教程(平面几何卷)	2011—03	68.00	90
几何学教程(立体几何卷)	2011—07	68.00	130
几何变换与几何证题	2010—06	88.00	70
计算方法与几何证题	2011—06	28.00	129
立体几何技巧与方法	2014—04	88.00	293
几何瑰宝——平面几何500名题暨1000条定理(上、下)	2010—07	138.00	76,77
三角形的解法与应用	2012—07	18.00	183
近代的三角形几何学	2012—07	48.00	184
一般折线几何学	2015—08	48.00	503
三角形的五心	2009—06	28.00	51
三角形的六心及其应用	2015—10	68.00	542
三角形趣谈	2012—08	28.00	212
解三角形	2014—01	28.00	265
三角学专门教程	2014—09	28.00	387
图天下几何新题试卷.初中(第2版)	2017—11	58.00	855
圆锥曲线习题集(上册)	2013—06	68.00	255
圆锥曲线习题集(中册)	2015—01	78.00	434
圆锥曲线习题集(下册·第1卷)	2016—10	78.00	683
圆锥曲线习题集(下册·第2卷)	2018—01	98.00	853
圆锥曲线习题集(下册·第3卷)	2019—10	128.00	1113
论九点圆	2015—05	88.00	645
近代欧氏几何学	2012—03	48.00	162
罗巴切夫斯基几何学及几何基础概要	2012—07	28.00	188
罗巴切夫斯基几何学初步	2015—06	28.00	474
用三角、解析几何、复数、向量计算解数学竞赛几何题	2015—03	48.00	455
美国中学几何教程	2015—04	88.00	458
三线坐标与三角形特征点	2015—04	98.00	460
平面解析几何方法与研究(第1卷)	2015—05	18.00	471
平面解析几何方法与研究(第2卷)	2015—06	18.00	472
平面解析几何方法与研究(第3卷)	2015—07	18.00	473
解析几何研究	2015—01	38.00	425
解析几何学教程.上	2016—01	38.00	574
解析几何学教程.下	2016—01	38.00	575
几何学基础	2016—01	58.00	581
初等几何研究	2015—02	58.00	444
十九和二十世纪欧氏几何学中的片段	2017—01	58.00	696
平面几何中考.高考.奥数一本通	2017—07	28.00	820
几何学简史	2017—08	28.00	833
四面体	2018—01	48.00	880
平面几何证明方法思路	2018—12	68.00	913
平面几何图形特性新析.上篇	2019—01	68.00	911
平面几何图形特性新析.下篇	2018—06	88.00	912
平面几何范例多解探究.上篇	2018—04	48.00	910
平面几何范例多解探究.下篇	2018—12	68.00	914
从分析解题过程学解题:竞赛中的几何问题研究	2018—07	68.00	946
从分析解题过程学解题:竞赛中的向量几何与不等式研究(全2册)	2019—06	138.00	1090
二维、三维欧氏几何的对偶原理	2018—12	38.00	990
星形大观及闭折线论	2019—03	68.00	1020
圆锥曲线之设点与设线	2019—05	60.00	1063
立体几何的问题和方法	2019—11	58.00	1127

刘培杰数学工作室
已出版(即将出版)图书目录——初等数学

书　名	出 版 时 间	定　价	编号
俄罗斯平面几何问题集	2009—08	88.00	55
俄罗斯立体几何问题集	2014—03	58.00	283
俄罗斯几何大师——沙雷金论数学及其他	2014—01	48.00	271
来自俄罗斯的5000道几何习题及解答	2011—03	58.00	89
俄罗斯初等数学问题集	2012—05	38.00	177
俄罗斯函数问题集	2011—03	38.00	103
俄罗斯组合分析问题集	2011—01	48.00	79
俄罗斯初等数学万题选——三角卷	2012—11	38.00	222
俄罗斯初等数学万题选——代数卷	2013—01	68.00	225
俄罗斯初等数学万题选——几何卷	2014—01	68.00	226
俄罗斯《量子》杂志数学征解问题100题选	2018—08	48.00	969
俄罗斯《量子》杂志数学征解问题又100题选	2018—08	48.00	970
463个俄罗斯几何老问题	2012—01	28.00	152
《量子》数学短文精粹	2018—09	38.00	972
用三角、解析几何等计算解来自俄罗斯的几何题	2019—11	88.00	1119
谈谈素数	2011—03	18.00	91
平方和	2011—03	18.00	92
整数论	2011—05	38.00	120
从整数谈起	2015—10	28.00	538
数与多项式	2016—01	38.00	558
谈谈不定方程	2011—05	28.00	119
解析不等式新论	2009—06	68.00	48
建立不等式的方法	2011—03	98.00	104
数学奥林匹克不等式研究	2009—08	68.00	56
不等式研究(第二辑)	2012—02	68.00	153
不等式的秘密(第一卷)(第2版)	2014—02	38.00	286
不等式的秘密(第二卷)	2014—01	38.00	268
初等不等式的证明方法	2010—06	38.00	123
初等不等式的证明方法(第二版)	2014—11	38.00	407
不等式·理论·方法(基础卷)	2015—07	38.00	496
不等式·理论·方法(经典不等式卷)	2015—07	38.00	497
不等式·理论·方法(特殊类型不等式卷)	2015—07	48.00	498
不等式探究	2016—03	38.00	582
不等式探秘	2017—01	88.00	689
四面体不等式	2017—01	68.00	715
数学奥林匹克中常见重要不等式	2017—09	38.00	845
三正弦不等式	2018—09	98.00	974
函数方程与不等式:解法与稳定性结果	2019—04	68.00	1058
同余理论	2012—05	38.00	163
[x]与{x}	2015—04	48.00	476
极值与最值.上卷	2015—06	28.00	486
极值与最值.中卷	2015—06	38.00	487
极值与最值.下卷	2015—06	28.00	488
整数的性质	2012—11	38.00	192
完全平方数及其应用	2015—08	78.00	506
多项式理论	2015—10	88.00	541
奇数、偶数、奇偶分析法	2018—01	98.00	876
不定方程及其应用.上	2018—12	58.00	992
不定方程及其应用.中	2019—01	78.00	993
不定方程及其应用.下	2019—02	98.00	994

刘培杰数学工作室
已出版(即将出版)图书目录——初等数学

书　名	出版时间	定　价	编号
历届美国中学生数学竞赛试题及解答(第一卷)1950—1954	2014—07	18.00	277
历届美国中学生数学竞赛试题及解答(第二卷)1955—1959	2014—04	18.00	278
历届美国中学生数学竞赛试题及解答(第三卷)1960—1964	2014—06	18.00	279
历届美国中学生数学竞赛试题及解答(第四卷)1965—1969	2014—04	28.00	280
历届美国中学生数学竞赛试题及解答(第五卷)1970—1972	2014—06	18.00	281
历届美国中学生数学竞赛试题及解答(第六卷)1973—1980	2017—07	18.00	768
历届美国中学生数学竞赛试题及解答(第七卷)1981—1986	2015—01	18.00	424
历届美国中学生数学竞赛试题及解答(第八卷)1987—1990	2017—05	18.00	769
历届中国数学奥林匹克试题集(第2版)	2017—03	38.00	757
历届加拿大数学奥林匹克试题集	2012—08	38.00	215
历届美国数学奥林匹克试题集:多解推广加强(第2版)	2016—03	48.00	592
历届波兰数学竞赛试题集.第1卷,1949～1963	2015—03	18.00	453
历届波兰数学竞赛试题集.第2卷,1964～1976	2015—03	18.00	454
历届巴尔干数学奥林匹克试题集	2015—05	38.00	466
保加利亚数学奥林匹克	2014—10	38.00	393
圣彼得堡数学奥林匹克试题集	2015—01	38.00	429
匈牙利奥林匹克数学竞赛题解.第1卷	2016—05	28.00	593
匈牙利奥林匹克数学竞赛题解.第2卷	2016—05	28.00	594
历届美国数学邀请赛试题集(第2版)	2017—10	78.00	851
全国高中数学竞赛试题及解答.第1卷	2014—07	38.00	331
普林斯顿大学数学竞赛	2016—06	38.00	669
亚太地区数学奥林匹克竞赛题	2015—07	18.00	492
日本历届(初级)广中杯数学竞赛试题及解答.第1卷(2000～2007)	2016—05	28.00	641
日本历届(初级)广中杯数学竞赛试题及解答.第2卷(2008～2015)	2016—05	38.00	642
360个数学竞赛问题	2016—08	58.00	677
奥数最佳实战题.上卷	2017—06	38.00	760
奥数最佳实战题.下卷	2017—05	58.00	761
哈尔滨市早期中学数学竞赛试题汇编	2016—07	28.00	672
全国高中数学联赛试题及解答:1981—2017(第2版)	2018—05	98.00	920
20世纪50年代全国部分城市数学竞赛试题汇编	2017—07	28.00	797
国内外数学竞赛题及精解:2017～2018	2019—06	45.00	1092
许康华竞赛优学精选集.第一辑	2018—08	68.00	949
天问叶班数学问题征解100题.Ⅰ,2016—2018	2019—05	88.00	1075
美国初中数学竞赛:AMC8准备(共6卷)	2019—07	138.00	1089
美国高中数学竞赛:AMC10准备(共6卷)	2019—08	158.00	1105
高考数学临门一脚(含密押三套卷)(理科版)	2017—01	45.00	743
高考数学临门一脚(含密押三套卷)(文科版)	2017—01	45.00	744
新课标高考数学题型全归纳(文科版)	2015—05	72.00	467
新课标高考数学题型全归纳(理科版)	2015—05	82.00	468
洞穿高考数学解答题核心考点(理科版)	2015—11	49.80	550
洞穿高考数学解答题核心考点(文科版)	2015—11	46.80	551

刘培杰数学工作室
已出版(即将出版)图书目录——初等数学

书　名	出 版 时 间	定　价	编号
高考数学题型全归纳:文科版.上	2016—05	53.00	663
高考数学题型全归纳:文科版.下	2016—05	53.00	664
高考数学题型全归纳:理科版.上	2016—05	58.00	665
高考数学题型全归纳:理科版.下	2016—05	58.00	666
王连笑教你怎样学数学:高考选择题解题策略与客观题实用训练	2014—01	48.00	262
王连笑教你怎样学数学:高考数学高层次讲座	2015—02	48.00	432
高考数学的理论与实践	2009—08	38.00	53
高考数学核心题型解题方法与技巧	2010—01	28.00	86
高考思维新平台	2014—03	38.00	259
30 分钟拿下高考数学选择题、填空题(理科版)	2016—10	39.80	720
30 分钟拿下高考数学选择题、填空题(文科版)	2016—10	39.80	721
高考数学压轴题解题诀窍(上)(第 2 版)	2018—01	58.00	874
高考数学压轴题解题诀窍(下)(第 2 版)	2018—01	48.00	875
北京市五区文科数学三年高考模拟题详解:2013～2015	2015—08	48.00	500
北京市五区理科数学三年高考模拟题详解:2013～2015	2015—09	68.00	505
向量法巧解数学高考题	2009—08	28.00	54
高考数学解题金典(第 2 版)	2017—01	78.00	716
高考物理解题金典(第 2 版)	2019—05	68.00	717
高考化学解题金典(第 2 版)	2019—05	58.00	718
我一定要赚分:高中物理	2016—01	38.00	580
数学高考参考	2016—01	78.00	589
2011～2015 年全国及各省市高考数学文科精品试题审题要津与解法研究	2015—10	68.00	539
2011～2015 年全国及各省市高考数学理科精品试题审题要津与解法研究	2015—10	88.00	540
最新全国及各省市高考数学试卷解法研究及点拨评析	2009—02	38.00	41
2011 年全国及各省市高考数学试题审题要津与解法研究	2011—10	48.00	139
2013 年全国及各省市高考数学试题解析与点评	2014—01	48.00	282
全国及各省市高考数学试题审题要津与解法研究	2015—02	48.00	450
高中数学章节起始课的教学研究与案例设计	2019—05	28.00	1064
新课标高考数学——五年试题分章详解(2007～2011)(上、下)	2011—10	78.00	140,141
全国中考数学压轴题审题要津与解法研究	2013—04	78.00	248
新编全国及各省市中考数学压轴题审题要津与解法研究	2014—05	58.00	342
全国及各省市 5 年中考数学压轴题审题要津与解法研究(2015 版)	2015—04	58.00	462
中考数学专题总复习	2007—04	28.00	6
中考数学较难题常考题型解题方法与技巧	2016—09	48.00	681
中考数学难题常考题型解题方法与技巧	2016—09	48.00	682
中考数学中档题常考题型解题方法与技巧	2017—08	68.00	835
中考数学选择填空压轴好题妙解 365	2017—05	38.00	759
中小学数学的历史文化	2019—11	48.00	1124
初中平面几何百题多思创新解	2020—01	58.00	1125
初中数学中考备考	2020—01	58.00	1126
高考数学之九章演义	2019—08	68.00	1044
化学可以这样学:高中化学知识方法智慧感悟疑难辨析	2019—07	58.00	1103
如何成为学习高手	2019—09	58.00	1107

书　名	出版时间	定　价	编号
中考数学小压轴汇编初讲	2017－07	48.00	788
中考数学大压轴专题微言	2017－09	48.00	846
怎么解中考平面几何探索题	2019－06	48.00	1093
北京中考数学压轴题解题方法突破(第5版)	2020－01	58.00	1120
助你高考成功的数学解题智慧:知识是智慧的基础	2016－01	58.00	596
助你高考成功的数学解题智慧:错误是智慧的试金石	2016－04	58.00	643
助你高考成功的数学解题智慧:方法是智慧的推手	2016－04	68.00	657
高考数学奇思妙解	2016－04	38.00	610
高考数学解题策略	2016－05	48.00	670
数学解题泄天机(第2版)	2017－10	48.00	850
高考物理压轴题全解	2017－04	48.00	746
高中物理经典问题25讲	2017－05	28.00	764
高中物理教学讲义	2018－01	48.00	871
2016年高考文科数学真题研究	2017－04	58.00	754
2016年高考理科数学真题研究	2017－04	78.00	755
2017年高考理科数学真题研究	2018－01	58.00	867
2017年高考文科数学真题研究	2018－01	48.00	868
初中数学、高中数学脱节知识补缺教材	2017－06	48.00	766
高考数学小题抢分必练	2017－10	48.00	834
高考数学核心素养解读	2017－09	38.00	839
高考数学客观题解题方法和技巧	2017－10	38.00	847
十年高考数学精品试题审题要津与解法研究.上卷	2018－01	68.00	872
十年高考数学精品试题审题要津与解法研究.下卷	2018－01	58.00	873
中国历届高考数学试题及解答.1949－1979	2018－01	38.00	877
历届中国高考数学试题及解答.第二卷,1980－1989	2018－10	28.00	975
历届中国高考数学试题及解答.第三卷,1990－1999	2018－10	48.00	976
数学文化与高考研究	2018－03	48.00	882
跟我学解高中数学题	2018－07	58.00	926
中学数学研究的方法及案例	2018－05	58.00	869
高考数学抢分技能	2018－07	68.00	934
高一新生常用数学方法和重要数学思想提升教材	2018－06	38.00	921
2018年高考数学真题研究	2019－01	68.00	1000
高考数学全国卷16道选择、填空题常考题型解题诀窍.理科	2018－09	88.00	971
高考数学全国卷16道选择、填空题常考题型解题诀窍.文科	2020－01	88.00	1123
高中数学一题多解	2019－06	58.00	1087

新编640个世界著名数学智力趣题	2014－01	88.00	242
500个最新世界著名数学智力趣题	2008－06	48.00	3
400个最新世界著名数学最值问题	2008－09	48.00	36
500个世界著名数学征解问题	2009－06	48.00	52
400个中国最佳初等数学征解老问题	2010－01	48.00	60
500个俄罗斯数学经典老题	2011－01	28.00	81
1000个国外中学物理好题	2012－04	48.00	174
300个日本高考数学题	2012－05	38.00	142
700个早期日本高考数学试题	2017－02	88.00	752
500个前苏联早期高考数学试题及解答	2012－05	28.00	185
546个早期俄罗斯大学生数学竞赛题	2014－03	38.00	285
548个来自美苏的数学好问题	2014－11	28.00	396
20所苏联著名大学早期入学试题	2015－02	18.00	452
161道德国工科大学生必做的微分方程习题	2015－05	28.00	469
500个德国工科大学生必做的高数习题	2015－06	28.00	478
360个数学竞赛问题	2016－08	58.00	677
200个趣味数学故事	2018－02	48.00	857
470个数学奥林匹克中的最值问题	2018－10	88.00	985
德国讲义日本考题.微积分卷	2015－04	48.00	456
德国讲义日本考题.微分方程卷	2015－04	38.00	457
二十世纪中叶中、英、美、日、法、俄高考数学试题精选	2017－06	38.00	783

刘培杰数学工作室
已出版(即将出版)图书目录——初等数学

书　名	出版时间	定　价	编号
中国初等数学研究　2009卷(第1辑)	2009—05	20.00	45
中国初等数学研究　2010卷(第2辑)	2010—05	30.00	68
中国初等数学研究　2011卷(第3辑)	2011—07	60.00	127
中国初等数学研究　2012卷(第4辑)	2012—07	48.00	190
中国初等数学研究　2014卷(第5辑)	2014—02	48.00	288
中国初等数学研究　2015卷(第6辑)	2015—06	68.00	493
中国初等数学研究　2016卷(第7辑)	2016—04	68.00	609
中国初等数学研究　2017卷(第8辑)	2017—01	98.00	712
初等数学研究在中国.第1辑	2019—03	158.00	1024
初等数学研究在中国.第2辑	2019—10	158.00	1116
几何变换(Ⅰ)	2014—07	28.00	353
几何变换(Ⅱ)	2015—06	28.00	354
几何变换(Ⅲ)	2015—01	38.00	355
几何变换(Ⅳ)	2015—12	38.00	356
初等数论难题集(第一卷)	2009—05	68.00	44
初等数论难题集(第二卷)(上、下)	2011—02	128.00	82,83
数论概貌	2011—03	18.00	93
代数数论(第二版)	2013—08	58.00	94
代数多项式	2014—06	38.00	289
初等数论的知识与问题	2011—02	28.00	95
超越数论基础	2011—03	28.00	96
数论初等教程	2011—03	28.00	97
数论基础	2011—03	18.00	98
数论基础与维诺格拉多夫	2014—03	18.00	292
解析数论基础	2012—08	28.00	216
解析数论基础(第二版)	2014—01	48.00	287
解析数论问题集(第二版)(原版引进)	2014—05	88.00	343
解析数论问题集(第二版)(中译本)	2016—04	88.00	607
解析数论基础(潘承洞,潘承彪著)	2016—07	98.00	673
解析数论导引	2016—07	58.00	674
数论入门	2011—03	38.00	99
代数数论入门	2015—03	38.00	448
数论开篇	2012—07	28.00	194
解析数论引论	2011—03	48.00	100
Barban Davenport Halberstam 均值和	2009—01	40.00	33
基础数论	2011—03	28.00	101
初等数论100例	2011—05	18.00	122
初等数论经典例题	2012—07	18.00	204
最新世界各国数学奥林匹克中的初等数论试题(上、下)	2012—01	138.00	144,145
初等数论(Ⅰ)	2012—01	18.00	156
初等数论(Ⅱ)	2012—01	18.00	157
初等数论(Ⅲ)	2012—01	28.00	158

刘培杰数学工作室
已出版(即将出版)图书目录——初等数学

书　名	出版时间	定　价	编号
平面几何与数论中未解决的新老问题	2013—01	68.00	229
代数数论简史	2014—11	28.00	408
代数数论	2015—09	88.00	532
代数、数论及分析习题集	2016—11	98.00	695
数论导引提要及习题解答	2016—01	48.00	559
素数定理的初等证明.第2版	2016—09	48.00	686
数论中的模函数与狄利克雷级数(第二版)	2017—11	78.00	837
数论:数学导引	2018—01	68.00	849
范氏大代数	2019—02	98.00	1016
解析数学讲义.第一卷,导来式及微分、积分、级数	2019—04	88.00	1021
解析数学讲义.第二卷,关于几何的应用	2019—04	68.00	1022
解析数学讲义.第三卷,解析函数论	2019—04	78.00	1023
分析·组合·数论纵横谈	2019—04	58.00	1039
Hall代数:民国时期的中学数学课本:英文	2019—08	88.00	1106
数学精神巡礼	2019—01	58.00	731
数学眼光透视(第2版)	2017—06	78.00	732
数学思想领悟(第2版)	2018—01	68.00	733
数学方法溯源(第2版)	2018—08	68.00	734
数学解题引论	2017—05	58.00	735
数学史话览胜(第2版)	2017—01	48.00	736
数学应用展观(第2版)	2017—01	68.00	737
数学建模尝试	2018—04	48.00	738
数学竞赛采风	2018—01	68.00	739
数学测评探营	2019—05	58.00	740
数学技能操握	2018—03	48.00	741
数学欣赏拾趣	2018—02	48.00	742
从毕达哥拉斯到怀尔斯	2007—10	48.00	9
从迪利克雷到维斯卡尔迪	2008—01	48.00	21
从哥德巴赫到陈景润	2008—05	98.00	35
从庞加莱到佩雷尔曼	2011—08	138.00	136
博弈论精粹	2008—03	58.00	30
博弈论精粹.第二版(精装)	2015—01	88.00	461
数学 我爱你	2008—01	28.00	20
精神的圣徒　别样的人生——60位中国数学家成长的历程	2008—09	48.00	39
数学史概论	2009—06	78.00	50
数学史概论(精装)	2013—03	158.00	272
数学史选讲	2016—01	48.00	544
斐波那契数列	2010—02	28.00	65
数学拼盘和斐波那契魔方	2010—07	38.00	72
斐波那契数列欣赏(第2版)	2018—08	58.00	948
Fibonacci数列中的明珠	2018—06	58.00	928
数学的创造	2011—02	48.00	85
数学美与创造力	2016—01	48.00	595
数海拾贝	2016—01	48.00	590
数学中的美(第2版)	2019—04	68.00	1057
数论中的美学	2014—12	38.00	351

刘培杰数学工作室
已出版(即将出版)图书目录——初等数学

书 名	出版时间	定 价	编号
数学王者 科学巨人——高斯	2015—01	28.00	428
振兴祖国数学的圆梦之旅:中国初等数学研究史话	2015—06	98.00	490
二十世纪中国数学史料研究	2015—10	48.00	536
数字谜、数阵图与棋盘覆盖	2016—01	58.00	298
时间的形状	2016—01	38.00	556
数学发现的艺术:数学探索中的合情推理	2016—07	58.00	671
活跃在数学中的参数	2016—07	48.00	675
数学解题——靠数学思想给力(上)	2011—07	38.00	131
数学解题——靠数学思想给力(中)	2011—07	48.00	132
数学解题——靠数学思想给力(下)	2011—07	38.00	133
我怎样解题	2013—01	48.00	227
数学解题中的物理方法	2011—06	28.00	114
数学解题的特殊方法	2011—06	48.00	115
中学数学计算技巧	2012—01	48.00	116
中学数学证明方法	2012—01	58.00	117
数学趣题巧解	2012—03	28.00	128
高中数学教学通鉴	2015—05	58.00	479
和高中生漫谈:数学与哲学的故事	2014—08	28.00	369
算术问题集	2017—03	38.00	789
张教授讲数学	2018—07	38.00	933
自主招生考试中的参数方程问题	2015—01	28.00	435
自主招生考试中的极坐标问题	2015—04	28.00	463
近年全国重点大学自主招生数学试题全解及研究.华约卷	2015—02	38.00	441
近年全国重点大学自主招生数学试题全解及研究.北约卷	2016—05	38.00	619
自主招生数学解证宝典	2015—09	48.00	535
格点和面积	2012—07	18.00	191
射影几何趣谈	2012—04	28.00	175
斯潘纳尔引理——从一道加拿大数学奥林匹克试题谈起	2014—01	28.00	228
李普希兹条件——从几道近年高考数学试题谈起	2012—10	18.00	221
拉格朗日中值定理——从一道北京高考试题的解法谈起	2015—10	18.00	197
闵科夫斯基定理——从一道清华大学自主招生试题谈起	2014—01	28.00	198
哈尔测度——从一道冬令营试题的背景谈起	2012—08	28.00	202
切比雪夫逼近问题——从一道中国台北数学奥林匹克试题谈起	2013—04	38.00	238
伯恩斯坦多项式与贝齐尔曲面——从一道全国高中数学联赛试题谈起	2013—03	38.00	236
卡塔兰猜想——从一道普特南竞赛试题谈起	2013—06	18.00	256
麦卡锡函数和阿克曼函数——从一道前南斯拉夫数学奥林匹克试题谈起	2012—08	18.00	201
贝蒂定理与拉姆贝克莫斯尔定理——从一个拣石子游戏谈起	2012—08	18.00	217
皮亚诺曲线和豪斯道夫分球定理——从无限集谈起	2012—08	18.00	211
平面凸图形与凸多面体	2012—10	28.00	218
斯坦因豪斯问题——从一道二十五省市自治区中学数学竞赛试题谈起	2012—07	18.00	196

书　名	出版时间	定　价	编号
纽结理论中的亚历山大多项式与琼斯多项式——从一道北京市高一数学竞赛试题谈起	2012—07	28.00	195
原则与策略——从波利亚"解题表"谈起	2013—04	38.00	244
转化与化归——从三大尺规作图不能问题谈起	2012—08	28.00	214
代数几何中的贝祖定理(第一版)——从一道 IMO 试题的解法谈起	2013—08	18.00	193
成功连贯理论与约当块理论——从一道比利时数学竞赛试题谈起	2012—04	18.00	180
素数判定与大数分解	2014—08	18.00	199
置换多项式及其应用	2012—10	18.00	220
椭圆函数与模函数——从一道美国加州大学洛杉矶分校(UCLA)博士资格考题谈起	2012—10	28.00	219
差分方程的拉格朗日方法——从一道 2011 年全国高考理科试题的解法谈起	2012—08	28.00	200
力学在几何中的一些应用	2013—01	38.00	240
从根式解到伽罗华理论	2020—01	48.00	1121
康托洛维奇不等式——从一道全国高中联赛试题谈起	2013—03	28.00	337
西格尔引理——从一道第 18 届 IMO 试题的解法谈起	即将出版		
罗斯定理——从一道前苏联数学竞赛试题谈起	即将出版		
拉克斯定理和阿廷定理——从一道 IMO 试题的解法谈起	2014—01	58.00	246
毕卡大定理——从一道美国大学数学竞赛试题谈起	2014—07	18.00	350
贝齐尔曲线——从一道全国高中联赛试题谈起	即将出版		
拉格朗日乘子定理——从一道 2005 年全国高中联赛试题的高等数学解法谈起	2015—05	28.00	480
雅可比定理——从一道日本数学奥林匹克试题谈起	2013—04	48.00	249
李天岩－约克定理——从一道波兰数学竞赛试题谈起	2014—06	28.00	349
整系数多项式因式分解的一般方法——从克朗耐克算法谈起	即将出版		
布劳维不动点定理——从一道前苏联数学奥林匹克试题谈起	2014—01	38.00	273
伯恩赛德定理——从一道英国数学奥林匹克试题谈起	即将出版		
布查特－莫斯特定理——从一道上海市初中竞赛试题谈起	即将出版		
数论中的同余数问题——从一道普特南竞赛试题谈起	即将出版		
范·德蒙行列式——从一道美国数学奥林匹克试题谈起	即将出版		
中国剩余定理:总数法构建中国历史年表	2015—01	28.00	430
牛顿程序与方程求根——从一道全国高考试题解法谈起	即将出版		
库默尔定理——从一道 IMO 预选试题谈起	即将出版		
卢丁定理——从一道冬令营试题的解法谈起	即将出版		
沃斯滕霍姆定理——从一道 IMO 预选试题谈起	即将出版		
卡尔松不等式——从一道莫斯科数学奥林匹克试题谈起	即将出版		
信息论中的香农熵——从一道近年高考压轴题谈起	即将出版		
约当不等式——从一道希望杯竞赛试题谈起	即将出版		
拉比诺维奇定理	即将出版		
刘维尔定理——从一道《美国数学月刊》征解问题的解法谈起	即将出版		
卡塔兰恒等式与级数求和——从一道 IMO 试题的解法谈起	即将出版		
勒让德猜想与素数分布——从一道爱尔兰竞赛试题谈起	即将出版		
天平称重与信息论——从一道基辅市数学奥林匹克试题谈起	即将出版		
哈密尔顿－凯莱定理:从一道高中数学联赛试题的解法谈起	2014—09	18.00	376
艾思特曼定理——从一道 CMO 试题的解法谈起	即将出版		

刘培杰数学工作室
已出版（即将出版）图书目录——初等数学

书　名	出版时间	定　价	编号
阿贝尔恒等式与经典不等式及应用	2018—06	98.00	923
迪利克雷除数问题	2018—07	48.00	930
幻方、幻立方与拉丁方	2019—08	48.00	1092
帕斯卡三角形	2014—03	18.00	294
蒲丰投针问题——从2009年清华大学的一道自主招生试题谈起	2014—01	38.00	295
斯图姆定理——从一道"华约"自主招生试题的解法谈起	2014—01	18.00	296
许瓦兹引理——从一道加利福尼亚大学伯克利分校数学系博士生试题谈起	2014—08	18.00	297
拉姆塞定理——从王诗宬院士的一个问题谈起	2016—04	48.00	299
坐标法	2013—12	28.00	332
数论三角形	2014—04	38.00	341
毕克定理	2014—07	18.00	352
数林掠影	2014—09	48.00	389
我们周围的概率	2014—10	38.00	390
凸函数最值定理：从一道华约自主招生题的解法谈起	2014—10	28.00	391
易学与数学奥林匹克	2014—10	38.00	392
生物数学趣谈	2015—01	18.00	409
反演	2015—01	28.00	420
因式分解与圆锥曲线	2015—01	18.00	426
轨迹	2015—01	28.00	427
面积原理：从常庚哲命的一道CMO试题的积分解法谈起	2015—01	48.00	431
形形色色的不动点定理：从一道28届IMO试题谈起	2015—01	38.00	439
柯西函数方程：从一道上海交大自主招生的试题谈起	2015—02	28.00	440
三角恒等式	2015—02	28.00	442
无理性判定：从一道2014年"北约"自主招生试题谈起	2015—01	38.00	443
数学归纳法	2015—03	18.00	451
极端原理与解题	2015—04	28.00	464
法雷级数	2014—08	18.00	367
摆线族	2015—01	38.00	438
函数方程及其解法	2015—05	38.00	470
含参数的方程和不等式	2012—09	28.00	213
希尔伯特第十问题	2016—01	38.00	543
无穷小量的求和	2016—01	28.00	545
切比雪夫多项式：从一道清华大学金秋营试题谈起	2016—01	38.00	583
泽肯多夫定理	2016—03	38.00	599
代数等式证题法	2016—01	28.00	600
三角等式证题法	2016—01	28.00	601
吴大任教授藏书中的一个因式分解公式：从一道美国数学邀请赛试题的解法谈起	2016—06	28.00	656
易卦——类万物的数学模型	2017—08	68.00	838
"不可思议"的数与数系可持续发展	2018—01	38.00	878
最短线	2018—01	38.00	879
幻方和魔方（第一卷）	2012—05	68.00	173
尘封的经典——初等数学经典文献选读（第一卷）	2012—07	48.00	205
尘封的经典——初等数学经典文献选读（第二卷）	2012—07	38.00	206
初级方程式论	2011—03	28.00	106
初等数学研究（Ⅰ）	2008—09	68.00	37
初等数学研究（Ⅱ）（上、下）	2009—05	118.00	46,47

刘培杰数学工作室
已出版(即将出版)图书目录——初等数学

书　名	出版时间	定　价	编号
趣味初等方程妙题集锦	2014-09	48.00	388
趣味初等数论选美与欣赏	2015-02	48.00	445
耕读笔记(上卷):一位农民数学爱好者的初数探索	2015-04	28.00	459
耕读笔记(中卷):一位农民数学爱好者的初数探索	2015-05	28.00	483
耕读笔记(下卷):一位农民数学爱好者的初数探索	2015-05	28.00	484
几何不等式研究与欣赏.上卷	2016-01	88.00	547
几何不等式研究与欣赏.下卷	2016-01	48.00	552
初等数列研究与欣赏·上	2016-01	48.00	570
初等数列研究与欣赏·下	2016-01	48.00	571
趣味初等函数研究与欣赏.上	2016-09	48.00	684
趣味初等函数研究与欣赏.下	2018-09	48.00	685
火柴游戏	2016-05	38.00	612
智力解谜.第1卷	2017-07	38.00	613
智力解谜.第2卷	2017-07	38.00	614
故事智力	2016-07	48.00	615
名人们喜欢的智力问题	2020-01	48.00	616
数学大师的发现、创造与失误	2018-01	48.00	617
异曲同工	2018-09	48.00	618
数学的味道	2018-01	58.00	798
数学千字文	2018-10	68.00	977
数贝偶拾——高考数学题研究	2014-04	28.00	274
数贝偶拾——初等数学研究	2014-04	38.00	275
数贝偶拾——奥数题研究	2014-04	48.00	276
钱昌本教你快乐学数学(上)	2011-12	48.00	155
钱昌本教你快乐学数学(下)	2012-03	58.00	171
集合、函数与方程	2014-01	28.00	300
数列与不等式	2014-01	38.00	301
三角与平面向量	2014-01	28.00	302
平面解析几何	2014-01	38.00	303
立体几何与组合	2014-01	28.00	304
极限与导数、数学归纳法	2014-01	38.00	305
趣味数学	2014-03	28.00	306
教材教法	2014-04	68.00	307
自主招生	2014-05	58.00	308
高考压轴题(上)	2015-01	48.00	309
高考压轴题(下)	2014-10	68.00	310
从费马到怀尔斯——费马大定理的历史	2013-10	198.00	I
从庞加莱到佩雷尔曼——庞加莱猜想的历史	2013-10	298.00	II
从切比雪夫到爱尔特希(上)——素数定理的初等证明	2013-07	48.00	III
从切比雪夫到爱尔特希(下)——素数定理100年	2012-12	98.00	III
从高斯到盖尔方特——二次域的高斯猜想	2013-10	198.00	IV
从库默尔到朗兰兹——朗兰兹猜想的历史	2014-01	98.00	V
从比勃巴赫到德布朗斯——比勃巴赫猜想的历史	2014-02	298.00	VI
从麦比乌斯到陈省身——麦比乌斯变换与麦比乌斯带	2014-02	298.00	VII
从布尔到豪斯道夫——布尔方程与格论漫谈	2013-10	198.00	VIII
从开普勒到阿诺德——三体问题的历史	2014-05	298.00	IX
从华林到华罗庚——华林问题的历史	2013-10	298.00	X

刘培杰数学工作室
已出版(即将出版)图书目录——初等数学

书　　名	出版时间	定　价	编号
美国高中数学竞赛五十讲.第1卷(英文)	2014—08	28.00	357
美国高中数学竞赛五十讲.第2卷(英文)	2014—08	28.00	358
美国高中数学竞赛五十讲.第3卷(英文)	2014—09	28.00	359
美国高中数学竞赛五十讲.第4卷(英文)	2014—09	28.00	360
美国高中数学竞赛五十讲.第5卷(英文)	2014—10	28.00	361
美国高中数学竞赛五十讲.第6卷(英文)	2014—11	28.00	362
美国高中数学竞赛五十讲.第7卷(英文)	2014—12	28.00	363
美国高中数学竞赛五十讲.第8卷(英文)	2015—01	28.00	364
美国高中数学竞赛五十讲.第9卷(英文)	2015—01	28.00	365
美国高中数学竞赛五十讲.第10卷(英文)	2015—02	38.00	366
三角函数(第2版)	2017—04	38.00	626
不等式	2014—01	38.00	312
数列	2014—01	38.00	313
方程(第2版)	2017—04	38.00	624
排列和组合	2014—01	28.00	315
极限与导数(第2版)	2016—04	38.00	635
向量(第2版)	2018—08	58.00	627
复数及其应用	2014—08	28.00	318
函数	2014—01	38.00	319
集合	2020—01	48.00	320
直线与平面	2014—01	28.00	321
立体几何(第2版)	2016—04	38.00	629
解三角形	即将出版		323
直线与圆(第2版)	2016—11	38.00	631
圆锥曲线(第2版)	2016—09	48.00	632
解题通法(一)	2014—07	38.00	326
解题通法(二)	2014—07	38.00	327
解题通法(三)	2014—05	38.00	328
概率与统计	2014—01	28.00	329
信息迁移与算法	即将出版		330
IMO 50 年.第1卷(1959—1963)	2014—11	28.00	377
IMO 50 年.第2卷(1964—1968)	2014—11	28.00	378
IMO 50 年.第3卷(1969—1973)	2014—09	28.00	379
IMO 50 年.第4卷(1974—1978)	2016—04	38.00	380
IMO 50 年.第5卷(1979—1984)	2015—04	38.00	381
IMO 50 年.第6卷(1985—1989)	2015—04	58.00	382
IMO 50 年.第7卷(1990—1994)	2016—01	48.00	383
IMO 50 年.第8卷(1995—1999)	2016—06	38.00	384
IMO 50 年.第9卷(2000—2004)	2015—04	58.00	385
IMO 50 年.第10卷(2005—2009)	2016—01	48.00	386
IMO 50 年.第11卷(2010—2015)	2017—03	48.00	646

书　名	出版时间	定　价	编号
数学反思(2006—2007)	即将出版		915
数学反思(2008—2009)	2019—01	68.00	917
数学反思(2010—2011)	2018—05	58.00	916
数学反思(2012—2013)	2019—01	58.00	918
数学反思(2014—2015)	2019—03	78.00	919

书　名	出版时间	定　价	编号
历届美国大学生数学竞赛试题集.第一卷(1938—1949)	2015—01	28.00	397
历届美国大学生数学竞赛试题集.第二卷(1950—1959)	2015—01	28.00	398
历届美国大学生数学竞赛试题集.第三卷(1960—1969)	2015—01	28.00	399
历届美国大学生数学竞赛试题集.第四卷(1970—1979)	2015—01	18.00	400
历届美国大学生数学竞赛试题集.第五卷(1980—1989)	2015—01	28.00	401
历届美国大学生数学竞赛试题集.第六卷(1990—1999)	2015—01	28.00	402
历届美国大学生数学竞赛试题集.第七卷(2000—2009)	2015—08	18.00	403
历届美国大学生数学竞赛试题集.第八卷(2010—2012)	2015—01	18.00	404

书　名	出版时间	定　价	编号
新课标高考数学创新题解题诀窍:总论	2014—09	28.00	372
新课标高考数学创新题解题诀窍:必修1~5分册	2014—08	38.00	373
新课标高考数学创新题解题诀窍:选修2—1,2—2,1—1,1—2分册	2014—09	38.00	374
新课标高考数学创新题解题诀窍:选修2—3,4—4,4—5分册	2014—09	18.00	375

书　名	出版时间	定　价	编号
全国重点大学自主招生英文数学试题全攻略:词汇卷	2015—07	48.00	410
全国重点大学自主招生英文数学试题全攻略:概念卷	2015—01	28.00	411
全国重点大学自主招生英文数学试题全攻略:文章选读卷(上)	2016—09	38.00	412
全国重点大学自主招生英文数学试题全攻略:文章选读卷(下)	2017—01	58.00	413
全国重点大学自主招生英文数学试题全攻略:试题卷	2015—07	38.00	414
全国重点大学自主招生英文数学试题全攻略:名著欣赏卷	2017—03	48.00	415

书　名	出版时间	定　价	编号
劳埃德数学趣题大全.题目卷.1:英文	2016—01	18.00	516
劳埃德数学趣题大全.题目卷.2:英文	2016—01	18.00	517
劳埃德数学趣题大全.题目卷.3:英文	2016—01	18.00	518
劳埃德数学趣题大全.题目卷.4:英文	2016—01	18.00	519
劳埃德数学趣题大全.题目卷.5:英文	2016—01	18.00	520
劳埃德数学趣题大全.答案卷:英文	2016—01	18.00	521

书　名	出版时间	定　价	编号
李成章教练奥数笔记.第1卷	2016—01	48.00	522
李成章教练奥数笔记.第2卷	2016—01	48.00	523
李成章教练奥数笔记.第3卷	2016—01	38.00	524
李成章教练奥数笔记.第4卷	2016—01	38.00	525
李成章教练奥数笔记.第5卷	2016—01	38.00	526
李成章教练奥数笔记.第6卷	2016—01	38.00	527
李成章教练奥数笔记.第7卷	2016—01	38.00	528
李成章教练奥数笔记.第8卷	2016—01	48.00	529
李成章教练奥数笔记.第9卷	2016—01	28.00	530

书　名	出版时间	定　价	编号
第19～23届"希望杯"全国数学邀请赛试题审题要津详细评注(初一版)	2014—03	28.00	333
第19～23届"希望杯"全国数学邀请赛试题审题要津详细评注(初二、初三版)	2014—03	38.00	334
第19～23届"希望杯"全国数学邀请赛试题审题要津详细评注(高一版)	2014—03	28.00	335
第19～23届"希望杯"全国数学邀请赛试题审题要津详细评注(高二版)	2014—03	38.00	336
第19～25届"希望杯"全国数学邀请赛试题审题要津详细评注(初一版)	2015—01	38.00	416
第19～25届"希望杯"全国数学邀请赛试题审题要津详细评注(初二、初三版)	2015—01	58.00	417
第19～25届"希望杯"全国数学邀请赛试题审题要津详细评注(高一版)	2015—01	48.00	418
第19～25届"希望杯"全国数学邀请赛试题审题要津详细评注(高二版)	2015—01	48.00	419
物理奥林匹克竞赛大题典——力学卷	2014—11	48.00	405
物理奥林匹克竞赛大题典——热学卷	2014—04	28.00	339
物理奥林匹克竞赛大题典——电磁学卷	2015—07	48.00	406
物理奥林匹克竞赛大题典——光学与近代物理卷	2014—06	28.00	345
历届中国东南地区数学奥林匹克试题集(2004～2012)	2014—06	18.00	346
历届中国西部地区数学奥林匹克试题集(2001～2012)	2014—07	18.00	347
历届中国女子数学奥林匹克试题集(2002～2012)	2014—08	18.00	348
数学奥林匹克在中国	2014—06	98.00	344
数学奥林匹克问题集	2014—01	38.00	267
数学奥林匹克不等式散论	2010—06	38.00	124
数学奥林匹克不等式欣赏	2011—09	38.00	138
数学奥林匹克超级题库(初中卷上)	2010—01	58.00	66
数学奥林匹克不等式证明方法和技巧(上、下)	2011—08	158.00	134,135
他们学什么:原民主德国中学数学课本	2016—09	38.00	658
他们学什么:英国中学数学课本	2016—09	38.00	659
他们学什么:法国中学数学课本.1	2016—09	38.00	660
他们学什么:法国中学数学课本.2	2016—09	28.00	661
他们学什么:法国中学数学课本.3	2016—09	38.00	662
他们学什么:苏联中学数学课本	2016—09	28.00	679
高中数学题典——集合与简易逻辑·函数	2016—07	48.00	647
高中数学题典——导数	2016—07	48.00	648
高中数学题典——三角函数·平面向量	2016—07	48.00	649
高中数学题典——数列	2016—07	58.00	650
高中数学题典——不等式·推理与证明	2016—07	38.00	651
高中数学题典——立体几何	2016—07	48.00	652
高中数学题典——平面解析几何	2016—07	78.00	653
高中数学题典——计数原理·统计·概率·复数	2016—07	48.00	654
高中数学题典——算法·平面几何·初等数论·组合数学·其他	2016—07	68.00	655

书　　名	出版时间	定　价	编号
台湾地区奥林匹克数学竞赛试题.小学一年级	2017—03	38.00	722
台湾地区奥林匹克数学竞赛试题.小学二年级	2017—03	38.00	723
台湾地区奥林匹克数学竞赛试题.小学三年级	2017—03	38.00	724
台湾地区奥林匹克数学竞赛试题.小学四年级	2017—03	38.00	725
台湾地区奥林匹克数学竞赛试题.小学五年级	2017—03	38.00	726
台湾地区奥林匹克数学竞赛试题.小学六年级	2017—03	38.00	727
台湾地区奥林匹克数学竞赛试题.初中一年级	2017—03	38.00	728
台湾地区奥林匹克数学竞赛试题.初中二年级	2017—03	38.00	729
台湾地区奥林匹克数学竞赛试题.初中三年级	2017—03	28.00	730
不等式证题法	2017—04	28.00	747
平面几何培优教程	2019—08	88.00	748
奥数鼎级培优教程.高一分册	2018—09	88.00	749
奥数鼎级培优教程.高二分册.上	2018—04	68.00	750
奥数鼎级培优教程.高二分册.下	2018—04	68.00	751
高中数学竞赛冲刺宝典	2019—04	68.00	883
初中尖子生数学超级题典.实数	2017—07	58.00	792
初中尖子生数学超级题典.式、方程与不等式	2017—08	58.00	793
初中尖子生数学超级题典.圆、面积	2017—08	38.00	794
初中尖子生数学超级题典.函数、逻辑推理	2017—08	48.00	795
初中尖子生数学超级题典.角、线段、三角形与多边形	2017—07	58.00	796
数学王子——高斯	2018—01	48.00	858
坎坷奇星——阿贝尔	2018—01	48.00	859
闪烁奇星——伽罗瓦	2018—01	58.00	860
无穷统帅——康托尔	2018—01	48.00	861
科学公主——柯瓦列夫斯卡娅	2018—01	48.00	862
抽象代数之母——埃米·诺特	2018—01	48.00	863
电脑先驱——图灵	2018—01	58.00	864
昔日神童——维纳	2018—01	48.00	865
数坛怪侠——爱尔特希	2018—01	68.00	866
传奇数学家徐利治	2019—09	88.00	1110
当代世界中的数学.数学思想与数学基础	2019—01	38.00	892
当代世界中的数学.数学问题	2019—01	38.00	893
当代世界中的数学.应用数学与数学应用	2019—01	38.00	894
当代世界中的数学.数学王国的新疆域(一)	2019—01	38.00	895
当代世界中的数学.数学王国的新疆域(二)	2019—01	38.00	896
当代世界中的数学.数林撷英(一)	2019—01	38.00	897
当代世界中的数学.数林撷英(二)	2019—01	48.00	898
当代世界中的数学.数学之路	2019—01	38.00	899

书　名	出版时间	定　价	编号
105 个代数问题:来自 AwesomeMath 夏季课程	2019—02	58.00	956
106 个几何问题:来自 AwesomeMath 夏季课程	即将出版		957
107 个几何问题:来自 AwesomeMath 全年课程	即将出版		958
108 个代数问题:来自 AwesomeMath 全年课程	2019—01	68.00	959
109 个不等式:来自 AwesomeMath 夏季课程	2019—04	58.00	960
国际数学奥林匹克中的 110 个几何问题	即将出版		961
111 个代数和数论问题	2019—05	58.00	962
112 个组合问题:来自 AwesomeMath 夏季课程	2019—05	58.00	963
113 个几何不等式:来自 AwesomeMath 夏季课程	即将出版		964
114 个指数和对数问题:来自 AwesomeMath 夏季课程	2019—09	48.00	965
115 个三角问题:来自 AwesomeMath 夏季课程	2019—09	58.00	966
116 个代数不等式:来自 AwesomeMath 全年课程	2019—04	58.00	967
紫色彗星国际数学竞赛试题	2019—02	58.00	999
澳大利亚中学数学竞赛试题及解答(初级卷)1978～1984	2019—02	28.00	1002
澳大利亚中学数学竞赛试题及解答(初级卷)1985～1991	2019—02	28.00	1003
澳大利亚中学数学竞赛试题及解答(初级卷)1992～1998	2019—02	28.00	1004
澳大利亚中学数学竞赛试题及解答(初级卷)1999～2005	2019—02	28.00	1005
澳大利亚中学数学竞赛试题及解答(中级卷)1978～1984	2019—03	28.00	1006
澳大利亚中学数学竞赛试题及解答(中级卷)1985～1991	2019—03	28.00	1007
澳大利亚中学数学竞赛试题及解答(中级卷)1992～1998	2019—03	28.00	1008
澳大利亚中学数学竞赛试题及解答(中级卷)1999～2005	2019—03	28.00	1009
澳大利亚中学数学竞赛试题及解答(高级卷)1978～1984	2019—05	28.00	1010
澳大利亚中学数学竞赛试题及解答(高级卷)1985～1991	2019—05	28.00	1011
澳大利亚中学数学竞赛试题及解答(高级卷)1992～1998	2019—05	28.00	1012
澳大利亚中学数学竞赛试题及解答(高级卷)1999～2005	2019—05	28.00	1013
天才中小学生智力测验题.第一卷	2019—03	38.00	1026
天才中小学生智力测验题.第二卷	2019—03	38.00	1027
天才中小学生智力测验题.第三卷	2019—03	38.00	1028
天才中小学生智力测验题.第四卷	2019—03	38.00	1029
天才中小学生智力测验题.第五卷	2019—03	38.00	1030
天才中小学生智力测验题.第六卷	2019—03	38.00	1031
天才中小学生智力测验题.第七卷	2019—03	38.00	1032
天才中小学生智力测验题.第八卷	2019—03	38.00	1033
天才中小学生智力测验题.第九卷	2019—03	38.00	1034
天才中小学生智力测验题.第十卷	2019—03	38.00	1035
天才中小学生智力测验题.第十一卷	2019—03	38.00	1036
天才中小学生智力测验题.第十二卷	2019—03	38.00	1037
天才中小学生智力测验题.第十三卷	2019—03	38.00	1038

刘培杰数学工作室
已出版(即将出版)图书目录——初等数学

书　名	出版时间	定价	编号
重点大学自主招生数学备考全书:函数	即将出版		1047
重点大学自主招生数学备考全书:导数	即将出版		1048
重点大学自主招生数学备考全书:数列与不等式	2019—10	78.00	1049
重点大学自主招生数学备考全书:三角函数与平面向量	即将出版		1050
重点大学自主招生数学备考全书:平面解析几何	即将出版		1051
重点大学自主招生数学备考全书:立体几何与平面几何	2019—08	48.00	1052
重点大学自主招生数学备考全书:排列组合·概率统计·复数	2019—09	48.00	1053
重点大学自主招生数学备考全书:初等数论与组合数学	2019—08	48.00	1054
重点大学自主招生数学备考全书:重点大学自主招生真题.上	2019—04	68.00	1055
重点大学自主招生数学备考全书:重点大学自主招生真题.下	2019—04	58.00	1056
高中数学竞赛培训教程:平面几何问题的求解方法与策略.上	2018—05	68.00	906
高中数学竞赛培训教程:平面几何问题的求解方法与策略.下	2018—06	78.00	907
高中数学竞赛培训教程:整除与同余以及不定方程	2018—01	88.00	908
高中数学竞赛培训教程:组合计数与组合极值	2018—04	48.00	909
高中数学竞赛培训教程:初等代数	2019—04	78.00	1042
高中数学讲座:数学竞赛基础教程(第一册)	2019—06	48.00	1094
高中数学讲座:数学竞赛基础教程(第二册)	即将出版		1095
高中数学讲座:数学竞赛基础教程(第三册)	即将出版		1096
高中数学讲座:数学竞赛基础教程(第四册)	即将出版		1097

联系地址:哈尔滨市南岗区复华四道街 10 号　哈尔滨工业大学出版社刘培杰数学工作室
网　　址:http://lpj.hit.edu.cn/
邮　　编:150006
联系电话:0451—86281378　　13904613167
E-mail:lpj1378@163.com